要努力，
但不要急功近利

周礼 ⊙主编

沈阳出版发行集团
沈阳出版社

图书在版编目（ＣＩＰ）数据

要努力，但不要急功近利 / 周礼主编．—沈阳：
沈阳出版社，2017.8
ISBN 978-7-5441-8541-7

Ⅰ．①要… Ⅱ．①周… Ⅲ．①成功心理－通俗读物
Ⅳ．① B848.4-49

中国版本图书馆 CIP 数据核字 (2017) 第 169330 号

出版发行：沈阳出版发行集团 ｜ 沈阳出版社
　　　　　　（地址：沈阳市沈河区南翰林路 10 号　邮编：110011）
网　　址：http://www.sycbs.com
印　　刷：北京嘉业印刷厂
幅面尺寸：145mm×210mm
印　　张：9
字　　数：189 千字
出版时间：2017 年 8 月第 1 版
印刷时间：2017 年 8 月第 1 次印刷
选题策划：郑　为
特约编辑：郭海东　张　颖
责任编辑：王冬梅
封面设计：思源工坊
责任校对：孙　泽
责任监印：杨　旭

书　　号：ISBN 978-7-5441-8541-7
定　　价：38.00 元

联系电话：024-24112447
E-mail：sy24112447@163.com

本书若有印装质量问题，影响阅读，请与出版社联系调换。

目录　CONTENTS

目录 CONTENTS

目录 CONTENTS

目录 CONTENTS

目录　CONTENTS

目录 CONTENTS

目录 CONTENTS

目 录　C O N T E N T S

第一辑

成功垂青努力
且有准备的人

本辑编者　彭忠富

机遇就像泥鳅，不抓住就会溜掉。

机遇也总是垂青有准备的人，帕格尼尼的炒作有个前提，

那就是他已经具备了这样的本领，只是在一个偶然的时机，

如火山爆发般把自己的才情宣泄了出来而已。

成功不会辜负努力奋斗的人

　　曾昭抡先生是我国著名化学家，中国科学院院士。他出生于湖南湘乡，是晚清名臣曾国藩的侄孙。他 1920 年赴美留学，学成归国后一直在各大学做教授，堪称桃李满天下。彼时民国学人，因为受到五四运动思潮的影响，眼见国家积贫积弱，都渴望能为国为民做一番事业。要想有番成就，肯定就不能人云亦云。特立独行应该是学者的基本要求，学术上是这样，生活上也是这样，曾昭抡先生就是其中之一。

　　曾昭抡作为教授，在学术上要求极为严格。他曾经站在沙滩红楼前，和电线杆子又说又笑地谈论化学上的新发现，让过往行人无不骇然；一次，他带着雨伞外出，天降暴雨，他衣服全湿透了，却仍然提着伞走路；在家里吃晚饭，他心不在焉，居然拿着煤铲到锅里去添饭，直到他夫人发现他饭碗里有煤渣；他忙于工作，很少回家，有一次回到家里，保姆甚至不知道他是主人，把他当客人招待，见他到了晚上还不走，觉得奇怪极了。后世的人评价说："中国大学里做实验、搞研究的风气，至少在化学这门学科里，可以说是从曾公开始的。"

曾昭抡在学术上精益求精，但是生活上却不修边幅，这一点跟某些教授成天西装革履成为鲜明对比。据他的学生回忆，从1943年进入西南联大化学系的第一天起，他所见到的曾先生，蓝布大褂总是破破烂烂，胡子不刮，头发乱糟糟的，还穿着一双破布鞋，"脱下来，袜子底永远破个洞"！西南联大是抗战时新建的学校，校舍是在坟地中开辟的，泥土松软，下雨时到处是烂路。穿布鞋的曾昭抡可就遭了殃，一双布鞋穿不到一个雨季就坏了，他又舍不得买新的，鞋子前后开口，走起路来踢踢踏踏。学生见了都觉得不可思议，觉得这哪里是个教授的样子，可是曾昭抡的博学却又让学生佩服。曾昭抡在化学、算学、物理学、地质、文学、音乐、美术、军工、国际关系……几乎在一切领域，都显示出超人的学识和智慧，真正是"人类的一切我都不陌生"。

曾昭抡不修边幅是有历史渊源的。他回国后出任中央大学化学系主任，国民党高干朱家骅出任中央大学校长时，专门召集各系主任开会，以便互相认识，开展工作。曾昭抡来是来了，可仍然是那副蓬头垢面的样子。朱家骅见了就问他是哪个系的，曾昭抡答是化学系的。朱家骅以为化学系弄了个管收发的来应付，就冲着曾昭抡挥挥手说："去把你们系主任弄来开会。"曾昭抡也不答话，回宿舍后，他卷起铺盖立马离开了中央大学，很快去北大化学系做了系主任。

费孝通曾说："曾昭抡把一生的精力放在化学里边，没有这样的人在那里拼命，一个学科是不可能出来的。现在的学者，当个教授好像很容易，他已经不是为了一个学科在那里拼命了，他并不一定清楚这个学科追求的是什么，不一定会觉得这个学科比自己穿的鞋还重要。"鲁迅先生说："哪里有什么天才，我是把别人喝咖啡的时间都用在了写作上。"同理，曾昭抡先生也是如此，他把别人梳妆打扮、吃喝应酬的时间都用在了化学研究上，朝着一个方向坚持努力，想不成功都难。

成功总是青睐有准备的人

有一个天才小提琴家，不但擅长演奏，更擅长作曲。才华横溢的他，为了能够在演奏时更突显自己超人的技巧，常常创作出让世人惊叹的超高难度杰作！也因为如此，每一次他的新曲发表会，总是万人空巷，一票难求。

这一次，他一年一度的独奏会，又在国家级的演奏厅揭开了序幕，所有台下的乐迷都很期待小提琴家究竟会奏出什么样的精灵乐章来冲击大家的听觉。果然，小提琴家充满自信地拉下琴弓，不负众望地奏出了他最新创作的乐曲。

演奏到了曲子的高潮处，在一段高低音转换剧烈的章节，小提琴家的一根琴弦竟然应声而断！全场的观众看到这一幕，无不哗然，数千双眼睛都盯着台上，大家都很好奇小提琴家会怎样处理这般尴尬的场面。只见小提琴家不慌不忙地微微一笑，稍稍整理了一下所剩的三根弦，又从音乐中断处继续演奏。

所有的听众都很讶异小提琴家究竟使了什么魔法，为什么断了一根弦后的演奏仍然听不出丝毫破绽，甚至音色比断弦前还要嘹亮？伟大的艺术家总是喜欢给自己出难题。过了一会儿，又有一根琴弦断了！这一回，所有的观众都鸦雀无声，他们认为演奏应该要结束了；没想到，小提琴家又理了理剩下的两根弦，仿佛什么也没发生一般继续演奏。眼见台上的巨星运用奇迹般的技巧渡过了两次难关，台下的观众立刻响起如雷般的掌声！

就在掌声稍歇，乐曲进入到最终篇章时，上天像是在捉弄人似的，小提琴家又在众目睽睽下，拉断了今天的第三根弦！四根弦被拉断了其中的三根，台下的观众每个人都站起来向小提琴家致意，认为今天实在太精彩了，虽然发生了几次断弦的意外，可是能坚持到此，已经可以说是非常伟大的表演。

就在大家都认为演奏会已经结束的这一刻，小提琴家沉思了几秒钟，望着自己只剩下一根琴弦的小提琴，扬起了琴弓，用仅剩的一根弦将曲子拉完！在最后一个音符结束的一瞬间，小提琴家振奋地在台上大喊："一根弦的帕格尼尼！"台下观众掌声雷动，演出获得巨大成功。

众所周知，小提琴有四根弦，每根弦都代表着不同的音色和音域。在一首完整的乐曲中，每根弦都会发生作用，不要说缺三根弦，就是缺一根弦，一首乐曲也完成不了。在音乐会上，这当然是个意外，换把小提琴重新开始演奏就行了，观众会谅解的。

但是帕格尼尼没有这样做，因为他是十八世纪意大利最伟大的小提琴家。他是个音乐天才，既会演奏又会作曲。用两根弦甚至一根弦，他都能奏出一曲曲美妙的音乐来。这一场奇迹般的表演，被许多乐评家称作史上最伟大的一次小提琴演奏。

我觉得，这是帕格尼尼一次精心的炒作，他利用一次意外把自己会用两根弦甚至一根弦演奏小提琴的本领公开化了，而且是演奏自己创作的乐曲。对于其他的小提琴家来说，这是望尘莫及的，从而奠定了他小提琴大师的卓越声望。

机遇就像泥鳅，不抓住就会溜掉。机遇也总是垂青有准备的人，帕格尼尼的炒作有个前提，那就是他已经具备了这样的本领，只是在一个偶然的时机，如火山爆发般把自己的才情宣泄了出来而已。

寻找适合自己的路

艺人张曼玉的成功人尽皆知，她在整个华人圈都是妇孺皆知的名角。而过去，在成长的道路上，她却曾经为她错误的坚持付出过不少代价。刚进入演艺圈的时候，她还是个少女。那时，她只想在银幕上扮靓，只肯演妩媚动人的少女。演了几部电影后，却没有得到预期的效果，观众不认可她的妩媚，不认可她演美貌少女时的表演。

这时候，有圈中人劝她，以她的形象、她的演技，应该有更大的发挥余地。如果不是总演少女，也会取得成功。这个建议本来很中肯，可那时，张曼玉很相信自己的演技，也相信自己的相貌，相信自己的青春。于是，她固执己见，继续演少女。这样又演了几部戏，结果还是没有取得预期的成功，因为票房就能说明一切，张曼玉的名号并没有太多的号召力。

屡遭挫折之后，她终于放弃了那些毫无意义的坚持，决定改变戏路。于是，一个接一个的新角色出现了。从《新龙门客栈》里的老板娘，到《宋庆龄》里的宋庆龄；从《一门喜事》里的新娘子，到《甜蜜蜜》里的打工妹；从《济公》里的放荡妓女，到《青蛇》里的可爱青蛇……她角色多变，戏路宽广，演技出色。张曼玉终于成功了，成为家喻户晓的明星，具有极高的票房号召力。

这些角色的出演，给张曼玉带来了极大的声誉，她连续四次荣获香港金像奖最佳女演员奖。她获得了巨大的成功，而这些成功，当然归功于她及时放弃了无意义的坚持。

人们常说"坚持就是胜利"，可是当我们明知道坚持下去没有好结果，那么还不如放弃固有的坚持，尝试着做些改变，说不定就会峰回路转，成就另一番事业。有一位哲人说道："我不会抓紧任何我拥有的东西！当我抓紧什么东西时，我很可能会失去它。如果我抓紧爱，我也许就完全没有爱；如果我抓紧金钱，它便毫无价值。想要体验拥有任何东西的唯一方法，就是将它放掉。"

如果你能领悟放下的道理，你就会有一种如释重负的感觉。因为只有懂得放下，才能把握当下。更何况，人生在世不如意者十之八九，如果我们不能及时抛开那些不必要的东西，那么我们背负的"人生行囊"就会越来越重，最终吞噬掉我们的青春、我们的事业，让我们一辈子都碌碌无为。

一个人拿得起是一种勇气，放得下是一种智慧。什么时候学会放弃，什么时候便开始了成熟。我们都要学会放弃，放弃失恋带来的痛楚，放弃屈辱留下的仇恨，放弃心中所有难言的负荷，放弃耗费尽力的争吵，放弃没完没了的解释，放弃权力的角逐，放弃对金钱的贪婪，放弃对虚名的争夺……凡是次要的、枝节的和多余的，该放弃的时候都要放弃。

人生要经营才完美

　　人生唯有经营，才会走向完美。从谋划在博浪沙行刺秦始皇开始，张良的声名就广为大家所知。虽然行动没有成功，但是却奠定了这之后张良在反秦义士中的江湖地位。单枪匹马，想要解决国仇家恨，那是不可能的。作为一介书生，张良不可能振臂一呼，挑起反秦的大旗，因此依附在某个军事集团做幕僚，借力打力来实现自己的政治目标，就成了张良的最佳选择。

　　"运筹帷幄之中，决胜千里之外。"这是汉高祖刘邦对留侯张良的评价。如果没有张良的出谋划策，在楚汉相争中，还不一定鹿死谁手呢？从鸿门宴，峣关、蓝田之战到明修栈道暗度陈仓，这些让人叫绝的谋划，哪一桩没有张良的贡献呢？两个军事集团之间的竞争，归根结底还是人才的竞争。刘邦善于识人用人，因此才得以在秦朝末年的大争之世中脱颖而出，以弱胜强，最终击败有勇无谋的楚霸王项羽，成为西汉的开国君主。张良先帮着刘邦与秦朝斗；帮着刘邦与项羽斗；又帮着刘邦、吕后与功臣斗；同时还要留一份心思与刘邦、吕后斗。张良在斗争中，将自己的毕生所学发挥得淋漓尽致，从而成就了刘邦，也成就了自己。

　　张良作为智慧的化身、历代谋士的典范，最让人叹服的就是功成名就后却能全身而退，这在鸟尽弓藏的西汉初期简直是不可想象的。张良之所以能做到这一点，关键就在于得到了黄石公赠予的《素书》。《素书》是以道家思想为宗旨，集儒、法、兵的思想发挥道的作用及功能，同时以道、德、仁、义、礼为立身治国的根本，揆度宇宙万物自然运化的理数，以此认识事物、对应事物、处理事物的智能之作。《素书》不仅是一部修身处事的格言集，而且是一部治国统军的政论书。半部《论语》治天下，一部《素书》得天下，这就是张良得以功成名就的原因。张良及其事迹，在中国可谓家喻户晓，甚至被神话为白云祖师，位列仙班，然而关于张良和《素书》之间的前因后果，知道的人就不甚了了了。

　　博浪沙行刺秦始皇未遂后，为避祸，张良隐居在下邳。一天，张良闲步沂水圯桥头，遇一穿着粗布短袍的老翁，故意把鞋脱落桥下，然后让张良捡上来替他穿上。张良尽管不满，但仍然照做了，老人赞叹道："孺子可教也。"并约张良五日后凌晨再到桥头相会。五天后，鸡鸣时分，张良急匆匆地赶到桥上，结果晚老人一步。老人愤愤地斥责道："与老人约，为何误时，五日后再来！"第三次，张良索性半夜就到桥上等候。他经受住了考验，其至诚和隐忍精神感动了老者，老者于是送给他一本书，这就是传说中的《素书》，赠书者就是黄石公。从此，张良日夜研习《素书》，终于成为一个深明韬略、文武兼备、足智多谋的"智囊"。

　　一部《素书》改变了张良的人生轨迹，这是知识改变命运的典型案例。而最为关键的是，张良没有死读书，而是将《素书》的理论跟自己的人生际遇结合起来，活学活用，科学经营自己的人生。人生得意之时，不忘失意之日。这一点，纵观古今中外，又有多少功成名就者能够做到张良这样呢？

做个有心人，才能抓住机遇

意大利著名男高音歌唱家帕瓦罗蒂在成名前经常做巡演。有一天夜晚，他在一间小旅馆里正准备就寝，隔壁却传来小孩的哭闹声，一哭就是三四个小时，搅得他不胜其烦。

想到第二天还要赶场子，帕瓦罗蒂非常生气，准备去隔壁房间提醒一下。可是他走到隔壁房间门口，抬起手正要敲门时，却停住了。刹那间，他忽然想道："奇怪，我平常唱歌一个小时就筋疲力尽了，怎么这个婴儿哭了这么久还中气十足呢？"

于是他仔细揣摩这个婴儿的哭声，他惊讶地发现：原来婴儿哭时不单是用丹田发声，还会在他们快破声时把声音拉回来，所以才能连哭许久不间断。而这一点窍门，不仔细听根本听不出来。呼吸是歌唱中的重要技巧，经过不断练习，帕瓦罗蒂掌握了这种婴儿般的循环呼吸法，一跃而成为国际知名的歌唱家。

十六岁那年秋天，齐白石跟着师傅干活回来，在乡里的田垄上，远远看见三个木匠走过来，齐白石并不在意，因为不过是同行。然而走到身边时，师傅却垂下双手，侧着身体，站在旁边，满脸堆笑问他们好。那三个人却傲慢得很，寒暄两句就头也不回地走了。齐白石非常诧异地问道："人家是木匠，我们也是木匠，师傅凭啥对他们那样恭敬呢？"师傅拉长脸说："小孩子不懂得规矩！我们是大器作，做的是粗活。他们是小器作，做的是细活。他们能做精致小巧的东西，还会雕花，这种手艺，不是聪明人，一辈子也学不成。我们大器作的人，怎么能跟他们平起平坐呢？"

齐白石听了，很不服气，他们是人，自己也是人，哪有学不会的。于是他就离开了原来的师傅，跟着雕花匠周师傅去学小器作了。周师傅的雕花手艺，在白石铺一带非常有名，他用平刀法，擅长雕刻人物。师徒二人非常投缘，周师傅把齐白石简直当成亲儿子一般看待，把平生本事都传授给他。学会平刀法后，齐白石又琢磨着改进了圆刀法，技艺日渐精湛，一些乡绅婚丧嫁娶要做木器，都主动邀请齐白石去做。有一次齐白石无意中在一个主顾家里见到了一本残缺的《芥子园画谱》，心中大喜。因为画谱是一本理论书籍，虽是残缺不全，但是从作画的第一笔画教起，直到画成全幅，逐步指点，非常实用。齐白石仔细看了一遍，才觉得以前画的东西，实在要不得。画人物，不是头大了，就是脚长了；画花卉，不是花肥了，就是叶瘦了，反正都有小毛病。

齐白石就跟主顾把这本画谱借来，买了些薄竹纸和颜料、毛笔，在晚上收工回家的时候，以松油柴火为灯，一幅一幅地勾影。足足花了半年，把这本残缺的《芥子园画谱》都勾影完了，钉成了十六本。从此，齐白石跟画画算是正式结缘，开启了由木匠到国画大师的起点。

如果帕瓦罗蒂对婴儿的哭声充耳不闻，如果齐白石一辈子做木匠粗活，从未接触到《芥子园画谱》，我想他们都不会成为行业内的佼佼者，从而改变自己的命运。人生机会很多，但是机会却不是那么容易把握，总是稍纵即逝。如果我们都能像大师们那样抓住机会，刻苦钻研，相信你也会取得不俗的成就。

机会就躺在你的脚边

离婚之后，52岁的卡罗尔没有工作，没有收入，还背负着因为不动产投资失败而带来的高达100万美元的债务。卡罗尔的律师劝她去看看心理医生，或者养条狗。对方这句充满同情和怜悯的忠告给了卡罗尔一点提示。"我的生活需要爱和微笑。"卡罗尔告诉自己，"养条狗能满足我的这两个要求，而且还不会带来任何保险麻烦，更不会成为我身边的定时炸弹。"

卡罗尔一直都喜欢牛头犬，当她听说一条名叫萨尔达的四个月大的小狗因为主人对养狗失去兴趣而想将它送人的时候，她立刻跑去看它了。"刚进门，我一眼就看到它，立刻有种一见如故的感觉，它就是我的翻版。它需要爱，我也需要爱。"卡罗尔说。

然而，此时此刻，卡罗尔更需要的是为自己的新伴侣找到充足而且稳定的食物来源。带着这一目标，卡罗尔决定参加由当地一家宠物商店举办的一年一度的圣诞卡片大赛。大赛的奖品就是每个月都将获得宠物商店提供的40磅狗粮，为期一年。卡罗尔将一顶圣诞帽戴到了狗头上，又给它洗了个泡泡澡，还用肥皂泡给它做了一圈假胡子。卡罗尔将萨尔达的照片寄了出去，还配上了文字说明：

"今年圣诞节，我用丈夫换了条狗……不赖的交易，不是吗？"最后，卡罗尔真的赢了比赛。

那一年，卡罗尔把这张获奖照片印在了节日卡片上，送给了自己的朋友们。和卡罗尔一样，大家都对这只小狗一见钟情，都喜欢上了它那古怪而若有所思的样子。"喔，上帝啊，我们每个人心里都有个萨尔达。"卡罗尔突然意识到。卡罗尔从节日卡片取得的成功中获得了灵感，何不就用萨尔达做模特，制作一些问候卡片谋利呢？卡罗尔走访了几家卡片商店，想看看有没有类似的竞争对手。结果，她根本就没看到类似卡片。"还没有人用活生生的小狗做模特，给它起名字，然后围绕它设计卡片。我看到了一个机遇，这个机会有些另类，也需要勇气。"背负着七位数债务的卡罗尔一无所有。

卡罗尔曾经是一家广告公司的创意总监，直觉使她能够看到一个模特的潜质。毫无疑问，萨尔达就是一个这样的模特。卡罗尔给她认识的最好的职业摄影师打电话，请他来拍一些试用的样片。卡罗尔又说服了一位印刷商，对方答应给她90天时间让其制作第一批样品卡片。每张卡片上的萨尔达都极尽滑稽之能事，窘态百出，而且还配有一句简单的问候语。譬如说："祝你每时每刻都美好。"卡罗尔将萨尔达那古怪而滑稽的特质演绎得淋漓尽致。没过多久，霍曼公司就注意到了这些稀奇古怪的卡片。就这样，一个女人由绝望孕育出来的奇思妙想，最终演变成了一系列问候卡片、礼品、服装、珠宝首饰和励志书籍，销往全世界。现在，萨尔达已经是一只十几岁的老狗，但与此同时也是经验老到的首席明星模特，给卡罗尔带来了源源不断的收入。

卡罗尔用卡片和萨尔达为载体，充分地展示出了自己的智慧，让自己的生活发生了翻天覆地的变化。卡罗尔说："有时候，机会就躺在你的脚边，就像萨尔达。你必须了解自己是谁，以及你的喜好，然后就跟随自己的直觉走。"

要努力，但不要急功近利

机遇来临前做好准备

1961 年 8 月 4 日，他出生在夏威夷。母亲是一个美国人，而父亲来自肯尼亚。他是个异类，他就是美国历史上第一位黑人总统，时年 48 岁的奥巴马。

从 10 岁起，奥巴马基本是在外祖父母的关怀下长大的。没有父母的关爱，让他的心灵倍感孤独和压抑。一直到哥伦比亚大学毕业，奥巴马也不知道哪里是他的家园，这辈子究竟应该怎样度过。

在芝加哥南部的黑人社区，为了区区 3 万美元的年薪，奥巴马选择了为社区服务。为了实现更高的理想，1988 年 8 月底，27 岁的奥巴马离开他工作了 3 年之久的芝加哥，来到了久负盛名的哈佛法学院，攻读 3 年制的博士学位。

即使排名比较靠后的哈佛法学院的学生，也大多能在毕业后找到年薪 16 万美元以上的律师类工作。奥巴马 3 年前的 3 万美元年薪与之相比，自然是天壤之别。天资聪颖的奥巴马在哈佛法学院如鱼得水，很快就在这群法律精英中崭露头角，先后当上了《哈佛法学评论》的编辑和主编，为他以后从政打下了坚实的基础。

《哈佛法学评论》是哈佛法学院最古老、最有分量的刊物，能做这本刊物的编辑，是每个哈佛法学院学子的梦想。可是奥巴马开始对当编辑并不感兴趣，他只想从哈佛毕业后，带着那个金字招牌和新认识的精英朋友，再回芝加哥，在政界施展拳脚。

1989 年，学期还没有结束之前，同学们就在谈论竞选《哈佛法学评论》编辑一事。奥巴马的同窗好友与他有过一番谈话："巴瑞，"朋友们喜欢这样称呼奥巴马，"你有没有想过竞争《哈佛法学评论》的编辑？"

"没有。我只是想毕业后回芝加哥，当编辑好像对我没有什么帮助。再说，做编辑很辛苦的，而且竞争也很激烈。"奥巴马不以为然地说。

"不过编辑这个头衔是个荣誉。一个表明自己优秀的标志。所有有实力的同学都把这个看得很重，如果错失一次良机，可是代价很大，很难弥补的。"朋友规劝道。

一席话惊醒梦中人，可是奥巴马还在犹豫不决，直到截止日期快到的最后几天，他才意识到那个职位对于他的真正意义。那是个证明自己能力，同时磨炼自己，打开一个更大社交圈的机会。那种付出值得！于是，奥巴马花了不少时间来准备相关的申请资料，直到报名截止那天上午他最终弄好。

规定要求是在下午一点钟之前，以邮戳为凭，寄出的申请才算有效。等奥巴马赶到邮局时，已经是下午，快过了最后期限。那时邮局有很多人在排队，如果按正常排队等下去，奥巴马肯定会错过截止期。

在奥巴马的苦苦哀求之下，排队的人和邮局的工作人员给他提供了方便，给他加盖了下午一点钟之前的邮戳。这个违规行为改变了奥巴马的命运，也改写了美国的未来。没有它，就没有那个编辑职位；而没有编辑职位，奥巴马也不可能在一年之后当上主编；而正是主编一职，让他第一次作为一颗巨星闪闪发光，为他日后当上美国总统做好了铺垫。

那天下午的一点钟，是奥巴马生命的拐点。其实在我们每个人的生命中，都有这样的一些拐点，都有这样的一些机会，关键是你要做好准备，同时在机会来临时牢牢地抓住它。那么我想，即使你成不了总统，也会让自己的生命大放异彩。

不要羞于毛遂自荐

　　初一新生分班军训归来，女儿说班长好凶哦，管得同学们颇有怨言。我说这才几天，你们就有班长了。班长是怎样产生的？

　　女儿说班主任冯老师让在小学阶段当过班长的同学举手，只有那位女同学举手，冯老师就说让她暂时代理班长了！我诧异地说，你在小学也当过班长的，为啥不举手啊？女儿说当班长很麻烦的，要得罪人。之后，宿舍的室友就在背后议论这位新班长是麻袋装钉子显尖尖。

　　"这哪里是显尖尖，这叫毛遂自荐，这叫推销自己。能力在锻炼中成长，当班干部可以锻炼自己的人际交往能力，下次正式竞选班干部的时候，你一定要站出来竞选，用实力证明自己。"女儿听了，嗫嚅着答应了。现在的孩子怎么变得这样世故，没有担当，这可不是什么好兆头。

　　其实我们成年人，在面对机遇和挑战的时候，也常常瞻前顾后的，结果往往错过最佳发展时机，以致终身遗憾。试问，毛遂本为平原君帐下一普通门客，为何三年未得崭露锋芒。原因无他，平原君不了解毛遂的真实能力，当然不会委以重任。毛遂于是自荐出使楚国，凭三寸不烂之舌，让楚、赵联盟，结果一举成名。

我们常说"是金子总会发光的"，可是人的生命是有限的，短短几十年时光，如果有真才实学却又不愿毛遂自荐，最终这块金子因为没有遇上淘金人，只能与污泥浊水为伴，从而抱憾终生。我们永远不要想当然地认为只要做好自己的本职工作，别人就会提拔重用你，这种想法已经不合时宜了。现代社会竞争激烈，我们得抓住一切机会展示自己，推销自己，这样才能在适者生存的社会中脱颖而出。

好莱坞有一个杰出演员叫罗德·斯泰格尔。在他出道从事演艺事业四十年之后，一个记者问他："成为影坛常青树的秘诀是什么？"斯泰格尔回答说："每天早晨我起床后，都决心走出去，让他们知道老子还活着。"当然不是"每天出去走走"，斯泰格尔就能成为"常青树"，其隐含的意思在于，只要有适合自己的剧本，那么自己就要去接，这样就能始终保持一定的曝光度，从而最终使自己艺术生命常青。

美国著名投资顾问兼畅销书作家斯普纳，多年前经营的股票经纪公司破产了，被来自纽约的一家大公司收购。但是纽约的管理层觉得这家分公司无足轻重，因此根本不重视他们。"别指望曼哈顿之外的任何事会让董事会放在眼里，要想让他们认真对待咱们可不容易。"有员工给斯普纳反映。于是斯普纳觉得不能坐以待毙，得毛遂自荐才行。于是斯普纳去纽约见了董事会主席，给他看了纽约评论家对自己著作的评论，包括一家纽约杂志专栏关于斯普纳和他作品的评论。能得到纽约评论界的肯定，这充分证明了斯普纳的能力，于是整个董事会都对斯普纳及其分公司另眼相看了，有什么优惠政策也总是先想着他们，公司很快就取得了成功。

不要羞于毛遂自荐，不要把自己的能力藏着掖着。于是，你很快就会发现，你的面前天蓝地青，一切都是那样美好。

胜不骄败不馁

曾国藩置办团练发迹时，李鸿章还在充任别人的幕僚。因为每每写出的文案都不为主人待见，只得悻悻离去，另谋出路。李鸿章想到，要想升迁快，只有在军营中才有机会，而老师曾国藩作为湘军统帅正值用人之际，自己前去投军一定会得到重用。于是就带上名帖，到军营去拜访曾国藩。

当年，曾国藩患肺病，僦居城南报国寺，与经学家刘传莹等谈经论道讲理学。京师人士，不分满汉，都很看重曾国藩，李鸿章当时即以师事之。李鸿章也不亏，因为他父亲李文安和曾国藩同年中进士，算是同学，曾国藩当然辈分在李鸿章之上。李鸿章不仅与曾国藩"朝夕过从，讲求义理之学"，还受命按新的治学宗旨编校《经史百家杂钞》，所以曾国藩一再称其："才可大用，将来必是相辅之才。"

曾国藩当时公事稍歇，正在签押房内洗脚，忽然听得一个护卫入报，说是李鸿章李大人求见。曾国藩听了非常高兴，连忙吩咐请在花厅相见。花厅就是客厅，是非常正式的见客之处。护卫正要出去传话，可是曾国藩又赶紧说道："你请李大人来此地吧。"

　　护卫以为曾国藩说错了，就站在那里不敢走，心想大帅在此洗脚，怎么好将外客请到这里来呢？这不是怠慢人家吗？曾国藩笑着说道："李大人是我门生。师生之间没有什么避讳，你只管把李大人请来便是。"

　　李鸿章一听曾国藩在便室见客，心中有些不快。他一跨进门槛，瞧见曾国藩正在洗脚，并不以礼相见，曾国藩只是轻轻一点头，便张嘴向旁边一张椅子上一歪道："少荃且坐。"说完这句，曾国藩仍然自顾自地低头洗脚，并不与李鸿章搭话。那种轻慢人的样子，真把李鸿章气得七窍生烟。李鸿章也不坐，只是厉声质问道："门生远道而至，方才在外面候了好久，怎么老师还在洗脚？"

　　谁知曾国藩见李鸿章已在发火，仍旧淡淡地说道："少荃在京，和我相处，不算不久。难道还不知我的脾气吗？我于平时，每函乡中诸弟子，都叫他们勤于洗脚。因为洗脚这桩事情，非但可以祛病，而且还可以延年益寿呢。"

　　李鸿章听得如此解释，更加气愤。又见门外的那一班护卫、差官们都对着自己指指点点，似乎满含嘲弄之意。于是他不再言语，只是冷笑了一声，拂袖而出。等到走到门外，犹闻曾国藩笑声，似乎在说如此年少气盛，怎好出来做事。

　　走出军营，跳上马，一路扬鞭奋蹄，不觉就是五六里路光景。想起曾国藩对自己的种种轻慢，李鸿章就一肚子气。本想投奔老师谋个一官半职，如今却是这样下场，不禁悲从心来。正在思量之间，后面却追上来一匹快马，转瞬就到眼前。李鸿章一看，却是同窗好友程学启，其正在曾国藩帐中做幕僚掌文案。程文启说大帅知你才深如海，可是年少气盛，如在官场上混，可能要吃许多暗亏，因此今天特意通过洗脚去去你的骄奢之气，大丈夫要能屈能伸，望你明白大帅苦心。

李鸿章这时才恍然大悟，连忙回到军营向曾国藩道歉，争取做一个有才干、有气量的人，绝不辜负老师栽培。至此，李鸿章收敛了许多，戒骄戒躁，励精图治，终成晚清一代名臣。

决心让成功更上一层楼

那时肯尼正就读于纽约大学的卫生保健管理专业，尽管还有一个学期才能毕业，但是他已经迫不及待地想开始自己的职业生涯。当时经济低迷，工作机会难觅。有一天，肯尼发现纽约市著名的斯诺克思山医院正在招聘一个晚间管理岗位。尽管职位描述中要求应聘者具有一点工作经验，但是没有任何经验的肯尼还是决定去试一试。肯尼花了整整两周的时间来为这次面试做准备，结果他成了一部名副其实的便携式斯诺克思山医院历史百科全书。

然而，面试那天肯尼一觉醒来，却惊讶地发现外面一片白雪茫茫。新闻报告说，这是近年来最大的一场暴风雪，据预测降雪深度将达到 2 英尺。肯尼开始思考要不要放弃这个机会，但他很快想到，既然无论阴晴雨雪，医院都是 24 小时照常工作。那么，可以确定的是，他的面试官一定会想办法赶到医院去工作。医院在聘用员工时，该员工的可靠性毫无疑问是其面试的主要考核依据之一。于是，他穿上雪地靴，套上冲锋皮衣就出发了。从他居住的纽约市郊区白原到医院的所在地曼哈顿东 76 大街通常需要一个小时的时间。不过，在这样糟糕的天气里，肯尼并不打算信赖通勤列车的时刻表。他提前三小时从家里出发了，从而确保有足够的时间准时抵达面试地点。上车之后，他就又开始复习他的笔记了。

不幸的是，那天的雪实在太大，大雪覆盖了车轨，列车无法通过。肯尼乘坐的列车停在了前往曼哈顿的途中。肯尼只能坐在车厢里，透过雾蒙蒙的玻璃窗无助地凝视着外面的白色世界。很快，他特意留出来的三个小时就过去了。眼看时间一分一秒地过去，他已经快迟到一个小时了。那个时候，没有手机，列车上也没有付费电话。一想到自己可能会与这一大好机会失之交臂，肯尼就急得像是热锅上的蚂蚁。最终，绝望的肯尼找到乘务员，将自己的处境告知对方，哀求他用无线电联络前方的车辆调度员，让调度员替他给医院打电话。乘务员十分同情肯尼，尽管这样做违反公司规则，但他还是照样做了。终于，在迟到了数小时之后，全身湿漉漉的肯尼蓬头垢面地出现在了面试地点。面试官告诉他，他接到了肯尼捎来的口信，并且对肯尼为此付出的努力赞许不已。接着，他们就开始了愉快的面试，似乎进展还不错。但是肯尼知道，自己没有丝毫工作经验，而且应聘这一职位的不在少数，他已经做好了最坏的准备。

谁知道，几天后肯尼居然接到了医院人力资源部经理请他就职的通知。经理说，肯尼的确是应聘者中最年轻、最没有经验的一个，但是他参加面试的坚定决心给管理层留下了深刻的印象。医院管理层认为，基础技能的不足可以通过日后的培训弥补，但是肯尼

　　的这份决心、使命感以及遇到紧急情况的足智多谋却是一种难能可
贵的品质，是任何培训都无法提供的。如今，肯尼已经成为纽约健
康和医院集团的一名高级管理者。

　　塞翁失马，焉知非福，那天的暴雪天气就是老天送给肯尼的
一份礼物，使他有机会证明没有任何事情能够阻碍他实现自己的目
标，同时也证明了他是一个信守承诺的人。而这些特质，正是雇主
最为看重的。

小事成就大事，细节成就完美

160 年前，尼亚加拉大瀑布不仅是一幅壮观的自然奇观，同时也是一道无法逾越的天堑。美国和加拿大政府都急于将各自领土内的瀑布变成可牟利的资本，然而无论是开发旅游业还是商业，双方政府都因瀑布两侧无桥梁沟通而一筹莫展。两岸悬崖间的峡谷太宽，靠近瀑布的尼亚加拉河河道上的漩涡又太深，无法确保船只能够安全通航，因此，位于瀑布上游的一艘小摆渡船就成了两岸间唯一的通道。

看着白花花的银子变成水流掉，两国政府都心有不甘。如果两国能够建造一座桥梁横跨这一自然鸿沟，使大瀑布成为旅游景点，其收益肯定是相当可观的。然而，这一想法很快就被来自欧洲和北美的大工程师们否决了，只有一小部分人仍然觉得这是可行的。其中一位持肯定态度的工程师名叫查尔斯，这位来自费城的年轻人初出茅庐，心高气傲，坚决认为在瀑布上架设吊桥的方案是可行的。

吊桥方案的技术难度极大。吊桥必须足够结实，能够承受数吨乃至数十吨的重量。不过，颇具讽刺意味的一点是，如此大规模的项目通常都始于一条钢缆。一般地说，工程师会在河的两岸或水体的两侧拉一条绳索，接着，他们会重复这一看似细微的工作多次，直到钢缆具备足够的承重力，能够安全地承受住桥体产生的巨大拉力和重力。然而，他们现在需要面对的是尼亚加拉大瀑布，瀑布两岸相距 800 英尺，而且两岸陡峭的悬崖高达 225 英尺，这就把查尔斯和他的团队难住了。由于河面上的激流异常危险，所以将一条粗钢缆固定在峡谷的一侧，再用船将钢缆的另一端运到另一侧的方案根本行不通。

一天晚上，查尔斯和他的团队聚在一起，商讨如何克服这一实际地理难题，大家提出了不少建议。查尔斯想能不能借助岩石将钢缆抛至对岸，还有人甚至提议通过炮弹将钢缆打到对岸去。可是，大家很快否决了这一提议，毕竟，他们的目标是通往加拿大，而不是轰炸邻国。

最终，这一难题总算解决了，只不过解决问题的人并不是建设团队里有经验的工程师，而是一名当地人。他的方案逻辑严密，但听上去简直荒谬可笑：举行一场风筝比赛吧！风筝要够大，风筝线要够结实，只要有一个风筝成功地穿越峡谷飞到对岸，风筝线就能被固定下来，然后在此基础上继续加固加粗。最后，施工队就能借助蒸汽绞车将钢缆送到对岸，并且固定，成为整座吊桥的建造基础。第一个将风筝飞过河的人将能得到 500 美元的奖励，这在当时可不是个小数目。这项比赛可以一直进行下去，直到有人取得成功。

　　于是，在接下来的几个月里，共有数百人来此放风筝碰运气。即便是冰冻三尺的严冬也没有令竞赛者退却。最终，一个叫霍夫曼的男人将一个风筝送到了对岸。六个月后，尼亚加拉大瀑布吊桥正式通车，对公众开放，美国、加拿大两国政府和人民都受益不少。

　　天堑变通途，整个工程堪称一项壮举，但是它的关键就在于：穿越河道，在两岸间建立联系。风筝飞跃尼亚加拉峡谷只是一个小环节，但这个环节却至关重要。小事不小，没有一件件小事的成功，我们就不能成就人生的大事。

第二辑

莫急，再长的黑夜

也挡不住黎明的到来

本辑编者　周礼

绝境就像一堵墙，它将失败者和成功者分隔两边，

失败者看到的只是墙的高度和厚度，

而成功者看到的却是隐藏在墙背后的机遇。

不经苦痛，怎能化茧成蝶

每逢夏天，在距我家不远处的那棵大榕树上，总会聚集大量的蝉，透过茂密的树叶缝隙，我们就会发现它们黑小的身影。每天早上，当晨光初现时，一只等不及的蝉倏地发出一声奇响，响声刺破长空，拉开了清晨的序幕。在它的引领下，不远处藏匿于叶间的另一只蝉也随即响应，它们呼朋引伴，和弦而鸣。到了午后，蝉在枝头唱得更欢，时而高亢激昂，时而低沉婉转，犹如上演着一场声势浩大的交响音乐会。

儿时，我最喜欢爬到树上去捉蝉，并用一根长线系在它们的大腿上把它当作玩物，还自得其乐地向别的小伙伴炫耀。有一次，父亲看见了，严厉地告诫我说："赶紧将蝉放了，以后再也不要做伤害它们的事。"那时，我并不明白父亲为什么要保护一只小小的蝉，后来随着年龄的增长，知识面的拓宽，我终于明白了父亲的良苦用心。

原来，蝉的生命极其短暂，通常只有一个月左右。然而，就是这样短暂的生命，还要在黑暗潮湿的地下忍受一千多个日日夜夜的煎熬。据说，蝉蛹要在地下发育三到四年（有的还会更长），才能破土而出。当然，这并不代表蝉就拥有了完整的生命，它们还必须经历一次生死大考验——蝉蜕。

当蝉蛹的背部出现一条黑色的裂缝时，蜕变就开始了，这个过程痛苦而漫长，一般要持续一个小时左右。初生的蝉，双翼十分柔软，它们通过其中的体液管使之展开。当液体被抽回蝉体内时，展开的双翼就开始慢慢变硬。如果在这时蝉受到了外界的干扰，那么它很可能会落下终生残疾，甚至失去生命。蜕皮的过程是蝉一生中最危险的时刻，因为它此刻还不能飞，也无处可藏，根本无法抵御敌人的入侵。

"四年地下苦功，换来一月歌唱。"蝉的一生说明了一个道理：生命来之不易，并且极其短暂，我们应该把握好生命中的每一分每一秒，用乐观的心态迎接日出、日落，尽量让自己的人生价值在有限的生命里闪光。

与蝉有着相似经历的是蝴蝶，它的一生要经历四个不同寻常的阶段，即受精卵、幼虫、蛹、成虫。当幼虫孵化出来后，要吃掉大量叶子，才能长成蛹；而幼虫要变成蛹，又要经历好几次蜕皮；当蛹变为成虫后，它们又成了其他动物口中的美食。可以说，一只蝴蝶幼虫要经历千辛万苦，方能化茧成蝶。

从蝴蝶的身上我明白了一个道理：失败是成功蜕下的躯壳，成功是失败决裂后的彩蝶。很多东西都可以改变，敌人可以成为朋友，逆境可以化为顺境，丑陋可以裂变为美丽，低贱可以升华为高贵。既然蝴蝶要历经蜕变的痛苦，才会有化蝶的美丽，凤凰要历经浴火的痛苦，才会有重生的喜悦，那么我们又为何不能承受生命之重、之痛呢？

撞好自己的钟

有这样一个故事，在一座寺庙里，一个小和尚被安排去撞钟。对于住持的这一决定，小和尚很不乐意，他自认为自己聪明伶俐，能说会道，又有极高的悟性，完全可以干点别的有意义的事情，用不着在撞钟上浪费光阴。可住持坚决说："你先干着吧，其他的等以后再说。"

就这样，小和尚心不甘、情不愿地做起了撞钟工。小和尚心想，让自己做这么低级、简单的工作，简直就是大材小用。暗地里，他不知骂了多少次住持没有眼光，不会用人。不过，不管小和尚怎么不服气，怎么抱怨，但他终究不能改变这一事实。于是，他只好做一天和尚撞一天钟，得过且过地度过了大半年。

小和尚原打算就这么混下去，谁知有一天，住持突然宣布，让小和尚去后院做挑水和打柴的工作。原因是他不能胜任撞钟的工作。听到这一决定，小和尚既震惊又委屈，他气急败坏地找住持理论："我撞钟怎么不称职了？是没按时撞钟，还是钟撞得不响，影响了大家的生活？"

住持耐心地听完小和尚的诉说，微笑着摇摇头说："不是因为你没有按时撞钟，也不是因为你的钟撞得不响，而是因为你没有用心。每次撞钟时，你的心中都充满了怨恨，认为自己怀才不遇。你没把撞钟当作是一项热爱的工作，也从未认识到撞钟是一件对别人很有意义的事情。你撞钟只是为了应付，只是为了发泄自己的情绪，所以你撞出的钟声听起来空泛、疲软，懒洋洋的，没有丝毫的激情和感召力。钟声是为了唤醒沉迷的众生，给他们希望和力量，因此，撞出的钟声不但要洪亮，而且要圆润、浑厚、深沉、悠远。而这些你都做到了吗？"

听了住持的一席话，小和尚犹如醍醐灌顶，一下子恍然大悟，他惭愧地低下了头。从那以后，小和尚认真地做着身边的每一件小事，并且从不抱怨，也从不认为那没有意义。多年后，他终于修成正果，成了远近闻名的禅师。

生活中，我们又何尝不是扮演着一个撞钟人的角色呢？当我们处在平凡的岗位上时，我们总是抱怨自己的工作太枯燥，环境太糟糕，收入太差，地位太低，英雄无用武之地。在没完没了的抱怨中，我们渐渐迷失了自己，像一头拉磨的驴一样，只知道一成不变地转圈，甚至自暴自弃，懈怠工作。直到被老板解雇的那一天，还执迷不悟地认为一切都是别人的错。而事实上，当我们静下心来，仔细地想一想，连一件小事都做不好的人，又如何能担当大任，又如何能成就一番伟业呢？

　　海尔集团公司总裁张瑞敏先生说得好："把简单的事做好了就是不简单，把平凡的事做好了就是不平凡。"我们每天只有撞好了自己的钟，才谈得上有所作为。

没什么能阻挡你成功

他很不幸，出生刚刚 8 个月，就因一场疾病失去了光明，使自己彻底陷入了黑暗的世界，以至于长大后，在他的脑海里竟没有一丝影像和颜色的记忆。除了无边的黑暗，他什么也看不见，不知道世界是什么样子，不知道花儿有多美丽，甚至连看一眼自己的妈妈都成了平生最大的奢望。

他的童年是苦涩的，没有人能体会他的内心有多么自卑，有多么脆弱，有多么痛苦。他觉得自己是这个世界上最可怜、最不幸的人，别人一生下来，就有一双明亮的眼睛，就可以看见世上的一切，而自己连爸爸妈妈长什么模样都不知道。因为看不见，他常常碰得鼻青脸肿，常常摔得头破血流，常常被别人嘲笑和欺负……他不知道自己将来还要面临多大的痛苦和磨难，未来对他来说实在太可怕了，他的眼里一点儿希望也没有。

每每看到他孤独、绝望、无助的样子，母亲的心就碎了。从内心讲，哪个做父母的不希望自己的孩子健健康康、快快乐乐呢？可是，既然已经这样了，那就只能接受现实，扬长避短，把孩子培养成一个能够独立生活的人。母亲忍着眼里的泪水，鼓励他说："孩子，虽然你看不见阳光，但你可以让自己的心里充满阳光；虽然你不幸失去了光明，但你还有双脚、双手、鼻子、耳朵和嘴巴，更重要的是你还有一颗聪慧的脑袋，你完全可以靠自己的努力养活自己，甚至取得事业的成功。"

妈妈的话让他幡然醒悟，尽管他看不见任何东西，但他的触觉和听觉非常好，记忆力也相当不错，完全可以利用自己的长处，过上更好的生活。于是，他开始主动配合妈妈，跟着她学穿衣服、学走路、学煮饭、学做家务、学读书、学写字等。虽然他付出了常人数倍的努力，承受了常人不能承受的痛苦，但他最终学会了行走和照顾自己，他非常开心，也渐渐找到了生活的信心和勇气。

在母亲的教育和引导下，他的性格变得乐观而坚强。有一次，他跟着奶奶到外地去玩，一群不懂事的小孩追着他喊："小瞎子，看不见！小瞎子，没出息！"奶奶听后心里十分难受，想找那些小孩的家长算账，但他微笑着对奶奶说："奶奶，算了吧，我本来就是瞎子，他们没有说错，就让他们这样叫好了！"

8 岁那年，父亲给他买了一台电子琴，他欢喜异常，爱不释手，每天都要弹上好几个小时。他的音乐天分极高，一首曲子练习几遍就能准确地弹奏出来，并且还能弹出从收音机里听来的歌，音符和节奏都很到位。母亲十分高兴，还专门给他请了一个音乐老师。但是，随着课程的繁复，学习的深入，难度的增加，他开始懈怠了。

毕竟练琴是辛苦的，枯燥的，乏味的，更何况他还只是一个几岁大的孩子。

见此，母亲问他："你喜欢练琴吗？"

他点点头说："喜欢。"

母亲说："既然你喜欢，就应该坚持到底，做到有始有终，不要遇到点困难就想到退缩放弃。如果你不能坚持，怕苦怕累，那你做别的事情也会如此。这样下去，你就会一无所长，那将来能干什么呢？"

他听后，惭愧地拉着母亲的手说："妈妈，对不起！我知道该怎么做了。"

从那以后，他学会了控制自己的情绪，始终如一地做一件事情。十几年后，他终于闯出了一片属于自己的天地，成了一个举世瞩目的明星。

他就是集作词、作曲、演唱、乐器、模仿、主持等众多才艺于一身，被誉为艺界奇才的盲人歌手杨光。2007年他获得了《星光大道》的年度总冠军；2008年他受邀参加了北京残奥会开幕式演出，同年还参加了中央电视台春节联欢晚会的演出；2010年他又参加了广州亚残会开幕式演出。一路走来，杨光用歌声告诉大家，虽然他看不见阳光，但他的心里充满了阳光，只要自己不抛弃、不放弃，没有什么能阻挡你成功。

别被想象的困难吓倒

上世纪九十年代，他在一家不太景气的国企上班，每月只有几百块钱的工资，即便省吃俭用，日子依然过得捉襟见肘。数年来，他们一家三口就居住在一间不足十五平方米的单身宿舍里，除了一台 25 寸的彩色电视机外，家里几乎找不到一件值钱的东西。

面对这样的困境，他也曾抱怨过，也曾想过另谋他路。可是，一想到不可预知的未来，他就退缩了。毕竟现在还勉强过得去，并且单位交了"五险一金"，将来老了有一份保障。而自己除了做车工，又能干什么呢？弄不好，连一家人的温饱都无法保证。左右掂量，他还是觉得维持现状比较好。

平常，尽管他嘴上抱怨着，心里诅咒着，但他还是日复一日、年复一年地从事着手头的工作。他想，只要自己努力工作，好好表现，将来评了职称，就能涨工资。等攒够了首付的钱，就可以按揭一套商品房，再简单地装修一下，就能过上比较舒适的生活了。

然而，天不遂人愿，就是这样一个小小的梦想也无法实现。2001 年，由于企业经营不善，亏损十分严重，单位不得不裁减人员，以缓解眼前的危机。不幸的是，他被列在了第一批下岗人员的名单中。下岗，这对一个上有老下有小的人来说，无异于晴天霹雳。为了不失去这份工作，他拿出仅有的一点积蓄，买了两瓶好酒、一条好烟，来到领导家里，苦苦地哀求领导（就差没给领导下跪了），希望领导能体恤一下他的困难，将他留下来。领导听后，无可奈何地说，我也没办法，如果不裁员，厂子就保不住。最终，他好话说尽，还是没能保住这个工作岗位。

那天，他失魂落魄地回到家里，仿佛天塌下来一般，绝望到了极点。他不敢想象失去唯一的生活来源后，以后的日子会是怎样一种凄惨的光景。那段时间，他感到特别失落，特别迷茫，特别恐慌，不知道未来的路在何方。当然，痛苦归痛苦，无助归无助，日子还得继续过下去。无奈之下，他只好面对现实，寻找其他出路。没过多久，他和妻子背上行囊，去了广东打工。

让人意想不到的是，十年后，昔日走投无路的下岗工人，不仅解决了温饱问题，还有了豪华别墅、高档轿车。如今，他已是一个集团公司的老总，旗下拥有五家企业，资产达到数十亿元。每每忆及往事，他总是感慨万千，如果不是当初所在的企业裁员，恐怕他现在还是一个普通的技术工人，过着充满牢骚与抱怨的生活。

原来，平庸与失败背后的推手不是别人，恰好是我们自己。人生最大的敌人不是失败，而是甘于平淡、安于现状的心。人们一方面渴望过上美满幸福的生活，而另一方面又害怕改变。人总是习惯于现有的生活状态，而不愿意做出新的尝试，结果故步自封，画地为牢，一辈子被困囿在原地，只能扼腕叹息，坐观他人的成功。其实，改变现状并没有想象的那么困难，那么可怕，只需要付出一丁点儿的勇气而已。

成功就在高墙后

　　曾经有一个冒险者想要一夜暴富，于是他在一个边陲小镇买下了一大片土地，如果地下蕴藏着丰富的石油的话，那么他将成为世界上最富裕的人。然而遗憾的是，他花费了大量的时间和资金，却只打出了一口极小的油井，其出油量还不够开采的费用。冒险者顿时傻了眼，他没想到如此一块大家看好的宝地，地下竟然没有石油，这一次自己彻底栽了。眼看着自己投入的钱血本无归，全都化为了泡影，冒险者实在有些不甘心。

　　为了尽量降低损失，他决定在这一片土地上发展种植业，如果顺利的话，前景依然十分可观，可是当他尝试着种植一些东西时，才发现这片土地十分贫瘠，根本不适合栽种任何经济作物。既然搞种植业不行，那就搞畜牧业吧，可是当他尝试着养一些牲畜时，才发现这儿除了低矮的灌木，根本没有供牛羊生长的水草。后来，他又想在这儿寻找值钱的矿物质，可是这儿除了无数让人望而生畏的响尾蛇外，根本没有任何值钱的东西，要是一不留神，不但发不了财，可能连性命都会丢掉。最后，冒险者只好带着一身的疲惫和满心的绝望离开了小镇，从此过着债务缠身的生活。

　　没过多久，又一个冒险者看上了这片土地，他的命运跟前一个冒险者一样，寻遍了这儿的每一个角落，也没有找到他梦寐以求的石油。如果按这种情形发展下去，用不了半年时间，自己就会成为一个身无分文的穷光蛋。面对眼前的绝境，冒险者心急如焚，日不能食，夜不能寐，忧心忡忡地寻找着各种可以解决问题的途径。可是这儿除了一望无际的贫瘠土地和低矮无用的灌木林，似乎根本没有什么好的出路。尽管失望不止一次地漫上冒险者的心头，但他始终坚信，天无绝人之路，世上只有自己想不到的商机。

　　那段时间，他强迫自己冷静下来，认真地考察了这儿的地形和资源，最后他将目光紧紧地盯在了那看似没有什么用途的响尾蛇身上。为了稳妥起见，他吸取了上一个冒险者的失败教训，阅读了大量关于响尾蛇的资料，并做了详细的市场调查，发现响尾蛇浑身都是宝。他按捺不住心中的激动，迅速筹措资金，着手打造响尾蛇产业。

　　后来，他不但利用这里的响尾蛇摆脱了债务危机，还赢得了财富。为了将这儿的资源扩大化，他还打起了旅游业的主意，让游客前来观光赏景，体验野外生活。一切如他所料想的那样，每年都有数十万游客蜂拥而至，他从中赚了个盆满钵溢。

　　原来，绝境就像一堵墙，它将失败者和成功者分隔两边，失败者看到的只是墙的高度和厚度，而成功者看到的却是隐藏在墙背后的机遇。

别人的美餐可能是你的毒药

春秋时期，越国有一个叫东施的女人，她长得十分丑陋，并且动作粗俗，说话大声大气。尽管如此，人们并没有因为她的长相而看不起她，也没有挖苦她。

而在越国的另一个地方，有一个名叫西施的女人，她长相端庄，面若桃红，连水中的鱼儿见了她，都惭愧地沉到水底不敢出来。西施之美，美若天仙，倾国倾城，无论是她的一举一动，还是一颦一笑，都深深地吸引着人们的目光，牵动着人们的心。有一次，西施走在乡间的小路上，突然感到胸口一阵疼痛，她情不自禁地皱起双眉，并用手捂住胸口。没想到西施的这一举动正好被在地里劳作的乡民看见了，他们觉得西施那柔弱娇媚的样子比以前更加美丽、更加动人，让人顿生一种怜香惜玉之情，耕者忘其犁，锄者忘其锄，担者忘其担，大家都呆呆地望着她。

东施听说这件事后，非常羡慕西施的成功，也想做一个人见人爱的美女。于是，她模仿西施的样子，一边皱着眉头，一边手捂胸口，摆出一副风情万种的姿势。她满以为这样就能博得人们喝彩，收获成功的喜悦。谁知，其矫揉造作、扭捏作态之势反而令她更丑，让人们反感不已。结果，富人看见她，赶紧关上大门，等她走后方才出来；而穷人见了她，就像遇到瘟神一样，连忙拉着妻子和孩子远远地躲开。

东施的行为可谓得不偿失，不仅迷失了自我，还落下一个东施效颦的笑柄。

美国第 16 任总统林肯也曾有过一段"东施效颦"的经历。年轻时的林肯十分仰慕那些成功的商人，他想，别人能成为富翁，只要自己努力也同样能成为富翁。为了实现这个梦想，他着手办起了企业。然而，他根本不是做生意的料，经营不到一年，工厂就宣布倒闭了，还欠下了一大笔的债务。这时，林肯才猛然意识到，不切实际地模仿别人永远也不会成功，自己的长处不是经商，而是演讲和搞政治。于是，他及时调整了方向，做回了自己，参加了州议员的竞选。后来，虽然林肯经历了无数的挫折和失败，但他始终没有放弃自己的追求，他要做自己生活的主宰。1860 年，林肯的努力终于开花结果，他冲破层层阻挠，成功当选为美国第 16 任总统，为美国的统一和黑奴解放做出了不可磨灭的贡献，也为美国在 19 世纪跃居世界头号工业强国开辟了道路，使美国进入了经济发展的黄金时代。

原来，野鸭的小腿虽然很短，续长一截就有忧患；鹤的小腿虽然很长，截去一段就会痛苦。我们可以向每个人学习，但我们不能刻意地去模仿任何人，因为别人的美餐可能是你的毒药，踏着巨人的脚步不一定能成为巨人。量体裁衣，做自己最感兴趣的、最擅长的事，才是走向成功的最佳途径。

良好心态是成功的保证

"一个人的成就大小，往往超不出他自信心的大小。"

不知从什么时候开始，学校的小孩兴起了一股玩滑板的风，每天下午放学后，这些小孩便会在操场上自由、欢快地滑翔。

那天下午，我闲着无事就站在阳台上观看孩子们玩滑板。星星是最早玩滑板的孩子，是所有小孩中滑得最好的一个。只见他动作娴熟，姿态优美，挥洒自若，随心所欲。滑板似乎成了他身体的一部分，完全由他掌握和控制，他想向左就向左，想向右就向右，想转弯就转弯，甚至还能在空中做一些简单的动作。星星滑完一圈后，我情不自禁地为他鼓起了掌。

一会儿我将目光移向了正学玩滑板的文文。文文是一个不太好动的孩子，今天刚买的滑板。只见他小心翼翼地先将一只脚踏在滑板上，然后慢慢地向前移动，他努力地想把另一只脚也放上去，像其他孩子一样自由地滑行。可是他接连试了好几次都没有成功，要么后脚放不上去，要么刚放上去人就摔倒了。由于在练习的过程中他跌倒了两次，脚受了一点儿伤，这使得他更加小心谨慎了。结果越是如此越是失败，越是失败越是没了信心。最后文文心灰意冷地将滑板丢在了一边，耷拉着脑袋，一言不发地望着自己的脚尖。

观察了这两个孩子一阵后，我不禁由此想到了我们的人生。生活中我们会发现，有些人做事总是得心应手，轻松自若，左右逢源，事业如日中天，而有些人做事则总是畏首畏尾，瞻前顾后，诸事不顺，四处碰壁，毫无建树。是何缘故呢？或许这跟孩子们玩滑板一样，主要取决于一个人的心态和自信。

美国颇负盛名、人称传奇教练的伍登，有一次接受记者采访，记者问："你成功的秘诀是什么？"伍登微笑着说："谈不上什么秘诀，只不过我比别人的心态好罢了！每天睡觉前，我都会提起精神告诉自己，我今天的表现非常好，而且我明天的表现会更好。"积极的心态，常常能激发出无穷的潜力。伍登正是靠着这样一种向上的心态克服了一个又一个困难，取得了一次又一次成功。生活中，无论我们遇到多大的困难和挫折，都应该每天给自己一个希望，给自己一份好的心情。也许有些东西是我们无法选择，也无法改变的，但好的心态却完全取决于我们自己。其实人与人之间的差别极小，心态是一个重要的方面。

影响一个人成功的因素也许有很多，但有一样东西是每一个成功人士都具备的，那就是自信。理丁曾说："一个人的成就大小，往往超不出他自信心的大小。"生活和工作中我们总会遭遇各种各样的打击，但我们决不能因这一时的困难而丧失了信心。每一个人都应该正视自己，收起心理上的自卑和胆怯，放开重重顾忌，挣脱层层束缚，摒弃种种评论，保持好的心态，事事充满信心，那样我们才能成为主宰自己命运的主人。做起事来，才会游刃有余，马到功成。

给自己找个对手

曾经，在一座森林公园内，生活着一群梅花鹿，估计有三四百只。那儿环境清幽，空气新鲜，水草丰茂，气候宜人，梅花鹿不仅不会受到老虎和狼等凶猛动物的侵袭，而且还有饲养员定期为它们投放食物。可以说梅花鹿们什么也不用担心，什么也不用着急，每天只管尽情地享受大自然和人类赐予的这份安定与舒适。这样美好的一个地方，简直就是动物王国理想的天堂。一些专家毫不掩饰地说，用不了几年，这里就会成为梅花鹿的胜地，那将是森林公园里一道最亮丽的风景线。

可是，令人意想不到的是，几年后，梅花鹿的数量不但没有得到成倍增长，而且病的病，死的死，剩下的不到原来的三分之一。这是怎么回事呢？专家们百思不得其解。

后来，有人想了一个办法，买了几只狼放入森林公园内。起初还有人担心这样做会伤害到梅花鹿，甚至给梅花鹿带来灭顶之灾。而事实上，结果却大出人们所料。在狼的追逐下，梅花鹿每天都生活在高度的紧张中。为了生存，它们不得不提高警惕，不得不学会快速奔跑，不得不想办法尽量避开狼群。因为它们知道，如果跑得慢，落在最后，就会成为狼的盘中之餐。在优胜劣汰的法则面前，只有尽可能地使自己变得强大，那样存活的机会才会大一些。

就这样，狼成了梅花鹿的健身教练。在经历了一次又一次的逃生后，梅花鹿的体格越来越强健，双腿越来越有力量，奔跑的速度越来越快，嗅觉和听觉也越来越灵敏。狼在它们的身上几乎占不到什么便宜。几年下来，除了一些老弱病残的梅花鹿被狼吃掉外，其他梅花鹿都存活了下来，并且数量还增加了不少。

最后，专家们终于明白了，原来舒适安逸的环境不是梅花鹿生活的天堂，而是梅花鹿毁灭的地狱。

和梅花鹿相比，人又何尝不是这样呢？古语云：生于忧患，死于安乐；流水不腐，户枢不蠹。人的骨子里天生就有一种惰性，没有一个竞争对手，就会目光短浅，就会沾沾自喜，就会安于现状，就会停滞不前。对手，其实就是你的一面镜子。通过他，你可以发现自己的弱点与不足，并不断地完善和提高自己；通过他，可以激发你的斗志和潜力，让你迸发出无比的热情和信心；通过他，你可以找到制胜的法宝，进入成功的殿堂，达到事业的峰巅。

因此，在职场中打拼，我们不要害怕有对手，也不要认为对手就是敌人，更不要想方设法地打击和陷害对手。我们要学会接受对手，尊重对手，与对手公平竞争，展开角逐。

　　如果你不想让自己靠在柔软的椅子上睡去，那么最好的办法就是给自己找一个强而有力的对手。

一棵树的成长

他很不幸，一出生时智力就比别的孩子低了许多，别人需要十分钟完成的事，他通常需要二十分钟，并且还没有别人完成得出色。在学习方面，他更是糟糕透顶，别人一学就会的东西，他往往需要老师重复许多遍才能弄明白。尽管他在学校比任何同学都努力，可是每次考试下来，他总是倒数第一名。为此，他十分沮丧，也非常自卑，总觉得自己一无是处。

一天，他绝望地问父亲："我是不是很笨、很蠢，同学们都讥笑我，连老师也不喜欢我，他们说我一辈子都不会有前途，永远都只会拖别人的后腿。"

父亲慈爱地抚摸着他的头，微笑着说："孩子，你一点也不笨。虽然你比别的同学考得差，但你每天都在进步，当你的努力达到一定程度时，你就会赶上他们，甚至超越他们。"

"是吗？我每天都在进步，但为什么我感觉不到呢？"他迷惑不解地问。

"是的，孩子，你每天都在进步，只是你没有发现罢了！"父亲肯定地说。

他还是有些不相信，认为父亲在哄他。对此，父亲没有再作解释，而是从屋里拿出一把铁锹，又从山上找来一株小树苗，然后交给他说："孩子，你把它种在院子里吧，千万记得要为它浇水、除草和施肥。"他不知道父亲这样做有什么用意，但他还是很乐意地听从了。他拿起铁锹，在院子里挖了一个小坑，将树苗放在里面，然后培上土。

一晃一年过去了，这天他又考了一个倒数第一名回来。他愤怒地责问父亲："你说我每天都在进步，那为什么一年下来，我仍然考了倒数第一名呢？"

父亲没有回答他，也没有像往常那样安慰他，而是将他带到院子里，指着那棵树苗对他说："孩子，你瞧，这棵树苗是你去年亲手种下的，那时它只有一尺来高，干枯瘦小，弱不禁风。现在你再看，在你精心的呵护之下，它长得绿油油的，显得生机勃勃，已将近两尺高了。"

他似懂非懂地点点头，脸上溢满了自豪。"可是，这与我的学习有什么关系呢？"他抬起头问父亲。

"孩子，当然有关系！树每天都在生长，但你看得见吗？"
他摇了摇头。

父亲又接着说："看不见，并不代表它没有生长，因为一年后你再去看它，你会发现，其实它增高了。学习也是一样，它是一个日积月累的过程，就像一棵树的成长，也许你一月、两月看不到进步，甚至一年、两年都看不到进步，但是五年、十年后，你再回头看自己走过的路，你一定会发现自己成长了、进步了。"

听了父亲的诉说，他一下子明白过来，原来自己的努力并没有白费，自己每天都在进步，于是他又有了信心和希望。就这样，他数十年如一日，坚持不懈地努力着。最终如父亲所说的那样，他超越了所有之前让他羡慕和嫉妒的人。他成了那一届的高考状元，顺利地考入了北大。

多年后，当他回到故乡时，惊奇地发现自己当年种下的那株小树苗，竟然长成了一棵十几米高的参天大树，枝叶繁盛茂密，绿荫遮天蔽日，强大得好像能征服一切。望着那棵树，他忍不住泪流满面，为自己，也为父亲的良苦用心。

爱因斯坦成功的秘诀

有一次，一位美国记者问及爱因斯坦成功的秘诀时，爱因斯坦淡淡地微笑着说："早在 1901 年，我还是一个二十二岁的青年时，我就已经发现了成功的公式。我可以把这公式的秘密告诉你，那就是 A＝X＋Y＋Z！ A 就是成功，X 就是努力工作，Y 是懂得休息，Z 是少说废话！这公式对我很有用，我想它对许多人也一样有用。"

A＝X＋Y＋Z，这看似简单的一个公式，却向我们揭示出了成功的三大要素。

一个人要想获得事业的成功，最起码得努力工作。任何一个成功者的背后，都少不了汗水和心血，一个人成就的大小往往取决于他努力的程度，付出越多，收获越多。众所周知，爱因斯坦小时候并不算一个聪明的孩子，相反还显得有些迟钝和愚笨。四岁了不会说一句完整的话，上小学时功课总是比别的孩子差，教他希腊文和拉丁文的老师甚至当着全班同学的面辱骂他："爱因斯坦，将来无论你做什么，都会一事无成。"然而爱因斯坦通过勤奋和努力，不但弥补了自己先天的缺陷，追赶上了别人，还成了伟大的物理学家。

　　由此可见，努力是一个人成功的基石。

　　努力工作和懂得休息，这看上去像两个矛盾的对立面，而事实上却是相辅相成的。充沛的精力是努力工作的保证，而充沛的精力从哪里来呢？当然是来源于好的休息。一个真正懂得工作的人，也是最懂得休息的。因为他们明白，如果不懂得休息，就不能全身心地投入工作，就不会有较高的工作效率。而休息好了，神清气爽，精神百倍，思路清晰，做起事来得心应手，往往能取得事半功倍的效果。正如爱因斯坦所说的那样，他每天的生活十分有规律，无论工作有多么繁忙，他都会挤出一些时间来休息。比如，在紧张的工作之余，他会抽空参加各种文化娱乐活动，参加爬山、骑车、赛艇、散步等体育锻炼。曾有人这样形容爱因斯坦的工作劲头："简直像个疯子，似乎永远都有使不完的精力。"懂得休息，才懂得工作，这绝对是适合于任何人的至理名言。

　　少说废话就是要扎实工作，多干实事，不夸夸其谈，不受外界的影响和干扰，懂得珍惜时间。一个人的生命是有限的，如果把有限的生命用在说废话上，用在对成功的憧憬上，用在浮华的虚荣上，那么毫无疑问这个人将一事无成。大凡有所作为的人，都是惜时如命的。因此一个人要想在某一领域取得成就，最好少说废话，或不说废话，把有限的时间都用于学习和工作。

　　其实，把爱因斯坦的这个公式概括成一句话，那就是：工作和休息是走向成功的阶梯，而珍惜时间是走向成功的重要条件。这便是成功的秘诀。

成功源于走自己的路

　　有这样一个故事，一天，一群小青蛙在外面玩耍，它们不经意间抬起头，发现前面不远处有一座高耸入云的铁塔。其中一只小青蛙突发奇想，要是我们能爬到塔尖上去玩耍，那该多好啊，那上面一定可以看到许多迷人的风景。在这只小青蛙的提议下，大家摩拳擦掌，蠢蠢欲动。很快就看到一些青蛙爬上了铁塔，正一步一步地向上面爬去，走在后面的也不甘示弱，争先恐后地紧跟而上。

　　不久，太阳出来了，火辣辣地炙烤着大地，让人望而生畏，铁塔上的温度更是比地上高了许多。只见小青蛙们一个个气喘吁吁，被晒得汗流浃背。这时，其中一只小青蛙叹息道："塔这么高，何时才能到达塔尖呢？再说上面也不一定好玩，还不如回到地面去。"它这么一想，便开始退缩了，并情不自禁地停住了脚步。

　　另一只小青蛙也抱怨说："水里多凉爽，多自由啊，我们爬上塔尖去干什么呢？纯粹是吃饱了撑的没事干，自找罪受。"于是它也停了下来。

　　随后，三三两两地又有一些小青蛙停了下来，它们嘲笑自己真是太傻了，这个提议从一开始就是错误的。于是，它们齐声责备着刚才提出建议的小青蛙。

　　不一会儿，几乎所有的青蛙都停了下来，并沿原路返回了地面。这时，它们吃惊地发现，有一只最小的青蛙仍然在努力地往上爬，它的速度并不快，并且还显得有些艰难，但它却丝毫也没放松，一点一点地往上挪动着。

　　时间一分一秒地流逝着，终于那只最小的青蛙爬上了塔尖，它看到了天空悠悠的白云，远方漂亮的城市，还有不时从身边掠过的唱着婉转歌曲的飞鸟。真是太美了！太神奇了！小青蛙由衷地感叹。它活这么大，还是头一次看见如此壮观的景象，更重要的是，由此它的目光高远了，心胸开阔了。

　　当小青蛙从塔尖上下来时，所有的青蛙都瞪大了眼睛，它们的目光中饱含着敬佩、羡慕，还有后悔。当它们问起那只小青蛙为什么能义无反顾地往上爬时，这只小青蛙的回答让它们大跌眼镜。原来，这只小青蛙的听力有些问题，由于它爬得慢，与大家保持着一定的距离，所以大家在铁塔上的议论它一句也没听清。后来，大家都往回走时，又由于它过于投入，根本没有注意到。在铁塔上，它只有一个想法，那就是无论如何也要爬上塔尖。最后，它成功了，如愿以偿地领略到了别人没有领略到的风景。

　　在我们走向成功的路上，常常会受到外界一些事物的影响，比如困难与挫折、名利的诱惑、别人的非议，等等原因，大多数人在中途停了下来，而真正到达成功殿堂的人，屈指可数。因此，我们要想获得成功，就得不畏艰险，经得起名利的诱惑，不在乎别人的是非评论，脚踏实地地走自己的路。

摸得着的理想

曾见过一个经验丰富的老农喂牛的过程。刚开始这位老农直接把草料放在地上，让牛毫不费力地食取，农人满以为这样牛会吃得很饱，干活会更加卖力。可是一段时间下来，农人发现，这头牛学会了挑三拣四，不仅浪费了不少草料，身体也不如以前壮实了，还常常懈怠工作，不把主人的话当回事。

后来，这个老农想了一个办法，每次给牛喂草料时，他总是将草料放在一个比牛的头略高一些的架子上。这样，如果牛要想吃到草料，就得付出一定的努力。令人意想不到的是，从那以后，牛不但不再挑三拣四，对一些稍次一点儿的草料也吃得津津有味，并且眼神中还流露出满足与自豪。

我好奇地问老农，为什么把草料放在地上，牛会嫌好道歹，或不屑一顾，而放在高处却要努力去吃呢？

老农笑着说，这就叫越容易得到的东西，越不懂得珍惜，越不容易得到的东西，越会想尽办法得到。

听了老农的诉说，我不禁恍然大悟。不光是牛，我们人也常常这样，太容易完成的事情，往往让人没有前进的动力，也找不到丝毫的成就感。而太难完成的事情，往往又让人望而生畏，觉得遥不可及。只有那些通过一定的努力才能完成的事情，才会让人产生成就感和幸福感，认为成功并不是想象中的那么难。

而生活中，许多人总是喜欢将自己的人生目标定得很高远，认为理想越远大，取得的成就越丰硕。比如，有些人从小就立志要当科学家，当作家，当政治家，当画家，当音乐家，当亿万富豪等。结果，因为好高骛远，这些人在人生的路上总是碰壁，无论怎么努力也实现不了自己的理想，最后只得灰心丧气地放弃了，并且还在心里烙下了一个自卑的阴影。从此以后，事事不顺，空余一声长叹，出师未捷身先死，长使英雄泪满襟。

其实，我们应该给自己定一个看得见、摸得着的目标，这样在攻克一个目标后，就会收获成功的喜悦，进而建立起自信，有了自信心，就会有克服困难的勇气，就会一步步地迈向成功。这有点像爬山，如果一开始我们就把目标定在高耸入云的山巅，在艰难的攀爬中，你会一点儿一点儿丧失掉信心，还未到达山腰，就失望地放弃了。如果一开始不是将目标定在山巅，而是定在山脚的某个山头，那么你就会一鼓作气地征服这个山头。尝到甜头后，你又会满怀信心地去征服另一个更高的山头。也许最后你到达山巅的时间推迟了，但你收获的快乐远比别人多得多。

一个成功者，不是因为他把自己的目标定得有多高，而是因为他始终把目标定在自己勉强能够得着的位置。在成就事业的路上，我们需要一把看得见、摸得着的草料，在前面时刻诱惑着我们，激励着我们，那样才能克服重重困难，翻越一座座崇山峻岭，到达事业的巅峰。

奇迹就是在坚持中创造的

刘谦在 2009 年央视春晚一炮走红，成为家喻户晓的传奇人物，许多人认为刘谦的成功是一个奇迹。的确，对于一个年仅三十三岁，并且双眼严重散光，主修日本语文学的年轻人，能在魔术界引起如此巨大的轰动，能受到亿万老百姓如此热烈的欢迎，能获得如此多的国际殊荣，这不能不说是一个奇迹。但这个奇迹不是偶然，而是在坚持中创造的。

刘谦从 8 岁起就开始自学魔术。有一天他在一家百货公司的魔术道具专柜前瞧热闹，看见店员示范了一个硬币的小魔术。这个小魔术强烈地震撼了刘谦幼小的心灵，他暗暗发誓，一定要拥有这种超能力。于是他买回了大量有关魔术的书籍，没事时就把自己关在小屋里，认认真真地钻研起了魔术。刘谦的父母都认为他喜欢魔术完全是心血来潮，不会坚持多久，岂知刘谦是一个认定了一件事就不会轻易放弃的人。他孜孜不倦地学习着魔术的知识和技巧，并虚心地向国内外众多魔术大师求教。

功夫不负有心人。12 岁时刘谦就获得了由世界著名魔术大师大卫·科波菲尔颁发的"全台湾儿童魔术大赛冠军"。随后，刘谦又分别获得了好几个国际性大奖，尽管如此，刘谦的魔术之路还是举步维艰。为了赢得普通老百姓的喜爱和肯定，刘谦走上了街头，在大街小巷、广场商厦，免费表演给大家看。刚开始大家仍然不能接受他，并且一些人反映十分强烈，对他恶语相讽，甚至向他泼大粪。

刘谦默默地忍受着这一切，他不断地创新自己的魔术，比如，在魔术中加入受人关注的时尚元素。他还不断完善自己的手法和技巧，做到百密无一疏，不给观众留下任何破绽。同时为了充实自己的专业领域和格局，他还涉猎音乐、舞台美术、剧场、工业设计、电视、广告、摄影等相关艺术知识。他的认真和坚持终于迎来了事业的春天，有一次他在街头表演魔术时，碰巧被一家电视台的负责人看见，并且被他的魔术深深地吸引。这位负责人邀请他到电视台主持一个魔术栏目，问他是否愿意，只要他点头，马上就可以签订合同。刘谦同意了。到了电视台工作后，刘谦始终抱着对技艺永无止境的追求和娱乐观众的心态，尽情地向观众展示着自己的魔术魅力。这个节目刚播出不久，立即在观众的心目中掀起了一层不小的波澜，收视率一路飙升，一时间刘谦的魔术成了人们茶余饭后讨论的话题，由此刘谦才算真正走上职业魔术师的道路。

刘谦曾说："前15年我一直在练习手指头的技巧，后10年我动脑比动手多，每天都是策划、开会、接受新的资讯和创意，然后在舞台上呈现新的节目形态。"其实，任何一个人成功的背后，都少不了辛劳和汗水，尤其是矢志不渝的坚持。

回过头来看成名前的刘谦，其实是一路风雨，一路坎坷，他之所以能在 2009 年央视春晚一炮走红，凭的就是这种咬定青山不放松的执着，他所创造出的奇迹，完全是在一步一步地坚持中完成的。

第三辑

努力提高自己

解决问题的能力

本辑编者　彭忠富

当我们遇到问题时，如果用一种方法无法解决，

可以转变思路，换一种方式；

当我们无法自己解决问题时，要及时向他人求助，不懂就问。

学会妥善处理周边发生的事情，这样你才会赢得成功，获得幸福。

经营自己的长处

一个朋友在聊天时抱怨："我都快四十岁了，可是仍然事业无成，真是枉来世上走一遭。"作为男人，我非常理解朋友渴望建功立业的焦虑。可是放眼周围，我们看见的绝大多数人还是碌碌无为。

既然人人都渴望成功，为什么成功者却始终是凤毛麟角。我觉得，我们首先要充分地认识自己，找出自己的长处，然后经营自己的长处，只要坚持下去，那么你肯定能取得些许成就。

温州人号称中国最富有的人群，我认识好几个温州的年轻朋友，在她们还在上大学时，理念就与众不同，最喜欢挂在嘴边的话就是："宁愿睡地板，也要做老板。"这种理念与其他众多地方的思维理念有很大差别，但是这种理念却是很先进的，正是这样的理念使得温州人与众不同，成为中国最富有的人群。

读大学时，班上有个女同学梅，是同学中唯一的温州人。梅长相平平，学习也不用心，在班上每次考试都处于中下等。梅父母是开皮鞋厂的，经济宽裕一些，有点钱喜欢炫耀，无奈男同学不追她，女同学瞧不起她。梅很郁闷，经常吹嘘说毕业后五年内要买辆宝马车，送给未来的老公做结婚礼物，别人都觉得她是异想天开，更加讨厌她了。

但是梅的行为方式就是不一样，别人忙着考证过级，学习考研，增加知识储备将来好找工作。她却最喜欢晚上在学院门口摆地摊，高声叫卖一些小玩意，后来又卖糖葫芦，甚至买个高压锅做爆米花，这样混到毕业，竟然听梅亲口说自己大学四年共赚了几万元。更令人称奇的是梅大学学费、生活费都是自己赚的，居然没有拿家里一分钱，这简直让我们汗颜。

大学毕业后，梅没有找工作，而是直接去了杭州丝绸一条街，在亲戚的帮助下开了一家小店，据说三年后就发财了，同学聚会时竟然开辆本田车来参加。五年还没有到，她原来说的送宝马车给老公的壮言，很多同学开始相信了。

梅其实是一个很精明的人，温州人擅长经商的特质在她身上发挥得淋漓尽致。她认准了自己的特长是做生意，压根就没有想着将来去打工，结果毕业几年后就成为成功人士，而大学时代综合素质比她高很多的其他同学，要么拿着一个月两三千的工资，要么刚刚研究生毕业，焦头烂额地找工作。

正如富兰克林所说："宝贝放错了地方就是废品。"人生的诀窍就是经营自己的长处，这是因为经营自己的长处能给自己的人生增值，经营自己的短处会使自己的人生贬值。把自己想做什么、能做什么，社会需要什么结合起来，综合加以分析，找出最佳结合点，正确做出职业选择，你就迈出了人生事业的第一步，成功就会向你招手。

每个人心里都有一个英雄

　　美国有个许愿基金会，其原则很简单：全美国患重病的孩子成千上万，每一个孩子心里都有一个愿望；而我们每个人都有能力帮助这些孩子愿望成真。有个男孩叫迈克尔·卢科，他年仅六岁，却一直饱受囊胞性纤维瘤的折磨。他告诉爸爸妈妈，他最想做的事情就是帮助别人。在这个小男孩的想象中，这个愿望意味着一件事，成为一名超级英雄。

　　迈克尔心目中的超级英雄是蜘蛛侠的老伙计甲虫男孩，许愿基金会的工作人员为了实现迈克尔的这一英雄壮志而努力。一切准备就绪，一天清晨，正在吃早餐的迈克尔满脸阴云地抬起头，发现每天在这个时段播出的卡通节目插入了一则紧急新闻报道，整座城市陷入了危机之中。"甲虫男孩"，电视中的新闻主播苦着脸恳求道，"假如你能听到我说的话，请你赶快现身，我们需要你的帮助！"父亲永远都不会忘记迈克尔从桌边一跃而起的情景。他飞快地穿上自己的英雄服装，冲出大门。一辆鲜红色的大众甲壳虫轿车就停在他家的车道上，车是从当地一家租车公司借来的，警长的卫队就等候在车边。

　　他的第一站是匹兹堡动物园。在那里，迈克尔伸出他那只戴着红色手套的手，拦住了一辆呼啸而来的观光火车，救下了一名被困在铁轨上的漂亮女孩。然而，绿恶魔却借机逃走了。甲虫男孩继续追赶，一路追到了大学校园。绿恶魔扬言要向匹兹堡大学的美洲豹吉祥物发射"有毒的足球"。当甲虫男孩再一次粉碎坏蛋的阴谋时，早已收到电子邮件通知的大学员工们涌入体育场的看台，齐声为英雄甲虫男孩欢呼。早已准备好的学校乐队此时也一同走进操场，为甲虫男孩演奏颂歌，该校的足球教练还走出来，亲自感谢他为学校所做的一切。迈克尔顿时成了全校的焦点，直到大屏幕上播放出另一则来自绿恶魔的威胁：他扬言要对全市的供水系统下毒。在临近的市立公园里，甲虫男孩瞥到了绿恶魔的身影，这个大坏蛋正急匆匆地从喷泉旁边跑开。这座喷泉一直都是全市人民最喜爱的喷泉之一，但此刻喷泉已经干涸。只见甲虫男孩抬起他那只戴着绿色手套的手，隐藏在一旁的工作人员立刻打开阀门，清澈的水流顿时喷涌而出。

　　在匹兹堡的大街上，经过一番紧张的追逐后，在众目睽睽之下，在大家热烈的掌声中，甲虫男孩终于在市政大厅的台阶上与敌人绿恶魔短兵相接。绿恶魔准备了一箱炸药，准备与众人同归于尽。在父亲和诸位警察的帮助下，甲虫男孩抛出了一张大网，套住了这个作恶多端的大坏蛋，心满意足地看着他被警察们戴上手铐。

这时，市长和市政执法官走了出来，亲自向甲虫男孩表示感谢，并亲口宣布他就是这座城市的超级英雄。紧接着，来自"漫威"中的蜘蛛侠本人竟然亲自现身，向甲虫男孩表示衷心的祝贺。

根据许愿基金会的官方统计，至少有五百人参与了这次愿望成真表演，帮助迈克尔实现了他的心愿。时至今日，已经是一名高中生的迈克尔仍然对那神奇一天发生的每一件事都记忆犹新。当人们问起他最喜欢哪一部分时，他说道："我真的很享受那种帮助人们，让世界变得不同所带来的刺激感和满足感。"

每个人心里都有一个英雄，都想成为英雄，但能够实现梦想的人寥寥无几。许愿基金会拯救梦想，满足孩子们最诚挚的愿望，让他们体验到真正的快乐。这样的组织没有功利和争执，没有计较和不愉快，其善举功德无量。

勇于向他人寻求帮助

从密歇根大学毕业后不久，兰德尔就在底特律最好的广告代理公司之一罗伯特·所罗门联合公司谋到了一份工作。入职后不到一周，兰德尔就被公司的创意总监凯瑟琳叫到了她的办公室。凯瑟琳端坐在她的办公桌后面，仪态万方，一只手里端着咖啡杯，另一只手里夹着一根香烟，用一侧肩膀夹着话筒，同时还快速且有条不紊地向进出她办公室的每个人布置任务。

兰德尔就像一个听话的小学生一样，惴惴不安地走到她的办公桌前。凯瑟琳随手拿起一张报纸，冲他晃了晃。兰德尔的眼中立刻绽放出光彩：他的第一个重大任务，而且还是由他的上司亲手交给他的。

"拿着。"她说，"把这个 schlep 节目现场。"说完，她就把一份广告设计递到了他手中。兰德尔看上去就像是个来自中西部农场的大男孩，脸上稚气未脱的他看起来就像被一个大面团或大土豆砸中了一样，傻愣愣地站在那里——他不知道 schlep 是什么意思。他又在原地站了一小会儿，等待上司接下来的指示，然而凯瑟琳的注意力早已转移到其他人身上。在礼貌地回答了一声"好的，夫人"之后，兰德尔回到了自己的工位上，静静地冥思苦想。可是，没有任何头绪的他思索良久后依旧一筹莫展。

"也许，是复印的意思？"他想，"又或者，把它拆解开来？"他开始动手研究这个词语的含义。他先翻了翻自己的市场营销课本，里面没有任何关于 schlep 的内容。他又打开各类广告书，还是一无所获。如果他询问同事，这只会让他看起来像个无知的白痴。试试谷歌？结果依旧令他失望。

不然，直接去找他那个令人望而生畏的上司，告诉她自己不知道 schlep？如果他这样做，一定会马上被炒鱿鱼。"看来我不得不重返校园，去学法律了，"他心想，"我的这份工作算是彻底完蛋了。"

在痛苦中煎熬了两个小时后，兰德尔整理了一下思绪，决心面对这一事实。他走进凯瑟琳的办公室，房间里烟雾缭绕，几位广告策划正为了一位客户的产品展示据理力争，闹哄哄的。

兰德尔清了清喉咙："对不起，打扰一下，夫人。"

谁也没有听到他的话。"夫人？"

"你有什么事，孩子？"终于，这位创意总监注意到了站在她面前的这个一脸紧张的年轻人，开口问道。

"我，我不知道 schlep 是什么意思？"

正如兰德尔害怕看到的那样，上司听了他的话后立刻哈哈大笑，甚至把杯子里的咖啡都洒了出来。她拨通了公司大老板罗伯特·所罗门的分机号码——她在电话里告诉他，他们刚刚聘请了一个大傻瓜。当看到罗伯特本人推门进来的时候，兰德尔瞬间便像石化了一般，整个人彻底呆住了。好吧，一切都结束了，他心想。

"罗伯特，"创意总监大声说道，"这个新来的小孩不知道schlep 是什么意思。"

罗伯特大笑着摇了摇头，此时此刻，身穿一套崭新的布鲁克斯兄弟牌西装的兰德尔看上去显得更小更嫩。

"孩子，"过了好久，凯瑟琳终于说道，"schlep 是带来或带到的意思。你只要把这个带到节目现场就行了。别担心，你在这里会有出色的表现。当你不知道答案的时候，敢于开口提问是正确的做法。"兰德尔记住了凯瑟琳的话，不懂就问，很快就成了业务能手。他在公司里表现出色，年底就获得了升职。

就在那一天，兰德尔学到了朴实却相当重要的一课。一场迫在眉睫的灾难被他转化成了一次赢得老板青睐的绝佳机会。因为一个不懂的问题，凭借着自己的无畏无惧，他没有保持沉默，反而在基本常识的支持下鼓起勇气开口提问，没想到此举反而使得老板对他另眼相看。

不懂就问，暂时糊涂；不懂不问，一世糊涂。随着时间的推移，一个人的能力也会与日俱增，而那些自己的不懂之处或是错误，不过是上天赐予我们学习和改进的机会罢了。谁也不是先知先觉，上知天文下知地理，一辈子不求别人帮助是不可能的。因此，我们不妨学会抛开骄傲，向他人寻求帮助。这样做可以避免发生那些足以破坏我们好意或几周来辛勤工作成果的小灾难。而且，无论你是老板，还是公司里最年轻的新人，这一点都是千真万确的。

放弃眼前小利获得长远大利

　　姐姐从省城回来，在迎祥广场附近开了间中餐馆。早上卖米粉、稀饭、馒头和包子，中午、晚上卖中餐。这里位于公园后门，客流量还是挺大的，特别是节假日期间，生意火爆。

　　开餐馆是老爸的主意。他有一个朋友姓张，外地人，在市医院附近开小餐馆，每天光中午就能够有3000多元进账，食客川流不息，有不少赚头。这还只是一个单门面的普通中餐馆。老爸经常在那个餐馆晃悠，觉得自己也能够经营。后来赶上姐姐原单位效益不太好，月薪不到2000元，她离婚后一个人过得很是艰难，老爸就动员她办了停薪留职，回老家来开餐馆。

　　姐姐开餐馆也有优势，她特别喜欢进厨房，平时就爱给我们鼓捣特色菜品尝，开餐馆也算是兴趣对口。再加上老爸老妈都退休在家，二老可以为她临时帮帮忙。

　　谁知小城的门面很不好找，最后是托熟人才在迎祥广场找到这个门面。门面是房管所的公房，月租金500元。这个门面以前也是开餐馆的，锅灶、炊具、桌椅也有一些，老板要求以两万块转让，我们答应了。谁知进场以后，才发现好多东西都不能用，又陆续添置了冰柜、消毒柜等物品，还高薪聘请了厨师，才算正式把餐馆开起来。

餐馆开张后，早晨的米粉生意一般，我们都很着急。米粉是一种快餐食品，上班族早上赶时间，基本上都选择吃米粉，小小县城里米粉店足有上百家吧，各有特色。

想要米粉好吃，关键是作料和臊子要有独特之处。作料要专门炒过，要炒出香味，当然离不了手工酱、八角、茴香籽这些东西，臊子一般就是肥肠、牛肉、杂酱和笋子，有些吃米粉的还喜欢加上一份咸烧白，那味道就更好了。

着急不是办法，老爸又跑到张叔那里去取经，回来后就进行了改进，生意立刻大有改观。

原来迎祥广场附近的消费水平较低，我们赶紧把卖得最好的二两一碗的米粉价格由三块五调整到三块，你可别小瞧这五角钱，很多人慢慢地就变成了回头客。另外，我们在给食客等米粉的间隙，借鉴中餐的做法，给客人倒上一杯茶水，客人吃完米粉后可以漱漱口，免得葱花、辣椒皮粘在牙齿上带来尴尬。一杯茶水一个回头客，特别是那些爱美的女士对此举大加赞赏。

虽然我们在经营上有一些小小的损失，利润减少了，但是食客多了，餐馆的口碑上去了，营业额自然能够芝麻开花节节高。

其实服务行业就是要比价格、比产品和比服务质量，多站在顾客的角度考虑问题，何愁不会顾客盈门、财源滚滚呢？这就是中国古老的商业智慧：舍得，有舍才有得。

其实我们做人也是这样，学会舍得，必然能够给自己的生活带来新的起色。舍得，并不是消极。因为这世界太大，大到无论你拥有如何大的能力也不可能独得。所以要懂得学会放弃，用一种豁达的心，放弃那些不属于你的一切，你会忽然发现你的上空变得晴朗无比。

怀着这份心，应该属于你的就会悄悄地出现在你身边。

让思路拐个弯

新东方总裁俞敏洪在一次演讲中提到，他于 1980 年考入北京大学西语系，期间患病（肺结核），休学一年，1985 年毕业后留校担任北京大学外语系教师。俞敏洪的人生经历如果到此为止，那也是相当精彩的。北大学子，北大教授，这可是多少有志青年梦寐以求的身份啊！

然而在 1991 年 9 月，俞敏洪却从北大辞职了，毅然投身到民办教育的洪流中来，并逐渐成功地站在了全国英语教育培训的前列。2006 年，俞敏洪任总裁的新东方教育科技集团在美国纽约证券交易所成功上市。2011 年，俞敏洪荣登《福布斯》世界富豪榜。

俞敏洪说，他当时在北大的工资每月两百多块，住在学校提供的十平方米的宿舍里。然而这点薪水根本不够花，一家人随时都觉得缺钱用。如果就在北大这样的体制内待着，俞敏洪得耐心地熬下去，等资历熬够了，才能循序渐进地评职称、涨工资，这也是大多数教师的人生路线图。然而俞敏洪改变了自己的人生轨迹，抓住了民办教育和英语培训的发展契机，他成功了。

一个一平方米的水果摊，在中国的大小城镇市场可谓恒河沙粒般数不胜数。然而谁能想到，十多年后，一个女人从这个水果摊起步，成为 2012 年 CCTV 第三届三农创业致富榜样之一。她就是刘岩。"我看到的都是机会，我说我走的每一步，脚下踩的都是黄金。"刘岩身在水果摊，心却跑了很远。

2000 年，第一家外资超市入驻大连，刘岩捕捉到了这个足以改变命运的商机，第一个为对方配送水果蔬菜。一年后刘岩成了大连最大的超市水果供应商。之后，超市开到哪，刘岩就跟到哪。但当她去长春给一家超市供货时，却遭到几家本地同行的联合打压，生意一时陷入困境。

刘岩决定改变进货渠道来避免恶性竞争。她到福建的柚子产区，向果农提出种柚子的花费她来垫付，所有柚子她都保价收购。从此这里成了她的基地，她也成了果农的知心大姐。此后，刘岩在全国开发了 22 个种植基地，10 多万农户与她合作。从产地采购，低成本供货，成了她的核心竞争力。到 2012 年，刘岩在全国 28 个城市建立了配送中心，为 600 多家大型超市稳定供货，年销售额达到 6.9 亿元。

如果一辈子都守着那个一平方米的水果摊，也许刘岩这辈子也就混个温饱而已，这也是大多数小商贩的命运。然而刘岩却是其中的另类，她果断改变经营思路，抓住商机，反而成就了自己的七彩人生。

在美国西部的淘金狂潮中，许多人都涌向西部，前赴后继地疯狂淘金。但也有少数聪明的人向淘金者卖水，淘金者用挖出的金子来交换水。几年过去了，真正淘到金子的人没多少，而在路边向淘金者卖水的人却都赚了大钱。最后，挖金的人大都死于饥渴，而卖水的人却大多衣锦还乡了。

思路决定出路，出路决定命运。很多人都把这句话背得滚瓜烂熟，奉为成功圭臬，然而在现实社会中，稍微碰到些许挫折，大部分人就开始抱怨起来，比如说社会不公平啦，自己命相不好啦，没有贵人帮助自己啦，等等，他们就是不在自己身上找原因。如果我们能让思路拐个弯，像刘岩、俞敏洪和卖水者那样，也许立刻就能峰回路转，收获到成功的喜悦。

跳出禁锢思维的圈子

纽约有幢高层办公楼，租户们向物业经理抱怨，电梯服务极差。他们说，上班高峰时，等电梯的时间太长了。因此，好几家租户威胁说要解除租约搬走。物业经理非常着急，赶紧找人想办法。

他首先向一家从事电梯系统设计和运行的专业工程公司求助。工程师们在听了对问题的描述后，花了时间调查，确认等电梯的时间确实有点长。于是，他们对经理说，有三种办法可以应对当前的局面。一是增加电梯数量；二是把现有电梯换成速度快一点的电梯；三是引进电脑控制，要是这样做，前面两种办法都可以不选。一般来说，旧电梯要先上到楼房的顶层，然后再返回一楼。如果选择第三种办法，楼上没人等电梯时，通过电脑控制就可以让无人乘坐的电梯下到一楼。管理人员授权对此进行研究，以确定哪种是最佳方案。研究表明，由于楼房年代久远，上述工程方案都不能经济地解决问题。工程师说，管理人员只得永远忍耐这个问题了。

经理非常绝望，赶紧召集所有员工开会，希望集思广益，能够找到解决问题的方法，毕竟这关系到大家的经济效益。大家七嘴八舌，提出了很多建议，但每个建议基本都被否决了。经理发现，有一位新来的员工约翰没有发言，就问他有什么高见。约翰红着脸站起来，嗫嚅着说，他没有什么高见，只有个简单的方法不妨一试，说不定能化解这个问题。

约翰说，这幢大楼上班的多是年轻人，他们性子急，等待了几分钟就怨声载道。关键是在这几分钟内，他们在电梯前无所事事，我们可以想个办法让他们一边等电梯一边愉快地度过这段时间。我们只需要在上电梯的地方安装两三面镜子，这样一来，那些等电梯的人就可以看看镜中的自己，整理一下妆容。或者借机看看别人，但是对方却意识不到自己被人偷看了。经理采纳了他的建议，镜子很快装好了，成本低廉，等电梯时间长的抱怨声也随之消失了。现在，高楼里电梯走廊安装镜子的做法已是司空见惯，有的甚至会安上一部液晶电视，播放广告。二者的目的，都是为了打发等待者的时间。

联合利华引进了一条香皂包装生产线，结果发现这条生产线有个缺陷：常常会有盒子里没装入香皂。总不能把空盒子卖给顾客啊，他们只得请了一个学自动化的博士后设计一个方案来分拣空的香皂盒。博士后拉起了一个十几人的科研攻关小组，综合采用了机械、微电子、自动化、X射线探测等技术，花了几十万，成功解决了问题。每当生产线上有空香皂盒通过，两旁的探测器会检测到，并且驱动一只机械手把空皂盒推走。中国南方有个民营企业也买了同样的生产线，老板发现这个问题后大为光火，找了个小工来说："给老子把这个搞定，不然你给老子滚。"小工花了 90 块钱买了一台大功率电风扇在生产线旁边猛吹，于是空皂盒都被吹走了。老板大喜，重奖了他。

安镜子、用电风扇这样的办法，既经济实惠又管用，为啥那些高学历者想不出来呢？因为他们的思维已经僵化了，而智慧往往需要我们跳出固有思维，独辟蹊径，不按规矩出牌，如此必能收到奇效。

放弃即拥有，有舍就有得

2008 年北京奥运会上，雅典奥运会冠军杜丽在女子 10 米气步枪决赛中，10 枪仅打出 100.6 环，获得第五名，与冠军失之交臂，也让中国射击队的主场首金梦落空。杜丽在比赛后失声痛哭。

自雅典奥运会夺冠后，杜丽的状态一发不可收拾，她在各项国际大赛的赛场让更多人认识了这位来自中国的神枪手，在世界杯、世界杯总决赛、世界锦标赛等一系列国际顶级水准的较量中，杜丽无一例外地交出了骄人的成绩单，摘取了世界大赛的"大满贯"。而随着前辈们纷纷收枪退隐，杜丽自然而然地成为女子 10 米气步枪的"一姐"。

赛前的杜丽，一直被大家看好。从报纸、网络等媒体，到射箭队的教练，大家一致认为杜丽能够完成这个历史使命，这反而给了杜丽巨大的压力。事实上，正是奥运主场首金这个沉重的包袱压垮了杜丽。

等了四年，如果杜丽能成功卫冕，当然可喜可贺。因为能够参加奥运会，本身就证明了自己的实力。可是杜丽的对手，个个实力都不弱，真可谓强手如云。别人都是为争冠军而来，而杜丽却是为了保住这个冠军。一争一保，二者在心态上就有很大的差距。

赛场如战场。在有些经典战役中，为了打敌人个措手不及，指挥官经常让士兵放弃辎重轻装前进。士兵们没有了负担，就会在比速度中抢得时间，从而争取到胜利。成者王败者寇，这就是现实。如果你获得了奥运会冠军，那么你会发现，各种荣誉和光环让你应接不暇。与之伴随而来的，还有源源不断的利益。庞伟获得男子 10 米汽步枪冠军后，有人说他这一枪就打下了至少两百万。

有媒体称，在奥运会开始前，国家体育总局射击射箭运动管理中心曾与某企业签署合作协议。该企业豪言将奖励射击队奥运首金 1000 万元人民币。事后射击射箭运动管理中心主任高志丹澄清，该企业是因为看重奥运首金很可能落户中国射击队才签约，但想要拿满 1000 万，射击队需要获得 5 枚左右的金牌。如今首金已经花落女子举重项目，但白纸黑字的协议依然有效，一枚射击的奥运金牌奖金，将在 150 万元左右。若加上国家、地方体育局方面的众奖，庞伟射落这枚金牌至少将得到 200 万以上奖金，这还不包括奥运会后各企业的赞助、奖励。

奥运会是个名利场，然而名利是把双刃剑，可以激励人努力拼搏，也能让人裹足不前。放下名利，以一颗平常心来打好自己的每一场比赛，胜不骄败不馁，我想这是每一个奥运健儿都应该具备的心态。因为放弃即拥有，只有暂时的放弃，才能最终品尝到胜利的甘甜。

放弃即拥有，有舍才有得，我想这个道理不仅仅适用于杜丽。

不要过于追求完美

　　南宋时期，梅城县知县白某年过七旬，已经为官四十九年。按理说，他这么大年纪了，早就该告老还乡，含饴弄孙，享享清福了。可是梅知县总觉得自己精力充沛，还能为朝廷效力。梅知县为官多年，一直没有冤假错案发生，又不吃拿卡要，因此在当地颇得百姓拥戴。上级奏明朝廷，要求嘉奖白知县，于是他获得了一块"百官楷模"的金匾。对于一个知县来说，这块匾额相当于"全国先进"，颇为不易。

　　这块匾额放在县衙大堂，公务之余，白知县总会驻足于匾额前感慨一番。回首自己几十年为官生涯，兢兢业业，如履薄冰，最终政声远扬，被老百姓誉为"白青天"，他不免有些沾沾自喜。白夫人见白知县整天沉迷于过去的功绩里，就善意地提醒他："人老了难免会犯糊涂，你能保证自己一辈子不出冤假错案吗？"白知县说道："老马识途，我虽然年岁大些，但是办案绝对不亚于那些年轻人。这样吧，我再干最后一年，凑够五十年整，咱们就回老家去。"

　　谁知时运不济，在最后一年任期内，梅城县城就发生了一起人命案："一个少妇被人在家里强奸致死，而所有的证据都指向一位绸缎商人王某。此人也曾读过一些圣贤书，但仗着家底殷实，为富不仁，在梅城县就是一个西门庆似的人物。有街坊亲眼看见他之前经常言语上调戏那名少妇，而且案发前还经过少妇家门口。"经过一番调查，白知县将王某缉拿归案，审讯之后，就押入大牢，准备秋后处斩。这件轰动全城的人命案，就这样了结了。卷宗上交到州府提刑官宋慈处，宋慈经过一番推敲，发现了许多疑点。于是亲自到梅城调查，最终查明凶手另有其人，王某无罪释放。经此一案，白知县若干年的清名毁于一旦，若不是宋慈及时调查，查明真凶，那么王某已经身首异处了。

人命关天，白知县最终引咎辞职，戚戚然地离开了梅城县，给自己的为官生涯画上了句号。这都是白知县过于追求完美的结果，为什么非得凑够五十年官龄呢？为官四十九年有何不可？而且当时急流勇退，离开瞬息万变的官场，岂不美事一桩？到头来晚节不保，反而落得一个乐极生悲的下场，这就是惨痛的教训啊！

在我们周围的生活中，有很多人都喜欢追求完美，结果往往适得其反，最终离自己的既定目标越来越远。世上不如意者十之八九，十全十美的结局不是没有，但绝对是凤毛麟角。为了追求完美，为了超越别人，我们过得并不快乐，完美已经成为一个美丽的负担，让我们不能自拔。

为了使自己的情绪免受"污染"，最好不要过于追求完美，因为很多时候，追求完美的人是跟自己的能力过不去，跟自己的健康过不去。瑞士学者研究发现，完美主义者更容易在生活中产生心理压力带来健康隐患。他们的处事标准完全是自我强加的，如果完美主义者能使自身标准更贴近真实情况，那么他们就能增强信心，并减少社会压力给自身带来的影响。因此对于这些人来说，不妨降低一下标准，与自己妥协一下，使自己保持良好的情绪，要知道，健康比什么都重要。

退一步海阔天空

　　那年我在一家酒厂做销售员，通过一次机会联系上了西宁的一家白酒经销商张总。他喜欢选择那些有发展潜力的地产酒，这样的酒界黑马稍加宣传，就可以利用现有的销售渠道铺货，从而获得较高的收益。我们的酒厂正好符合张总的标准，达成意向性协议后，酒厂派我到西宁去签合同。临出发前，酒厂给我提供了合同的样本，要我严格按照上面的标准执行。也就是说，对于产品的出厂价，我是没有决定权的。

　　到西宁后，我才知道，张总这次一共选择了三家酒厂。临签合同时，张总却突然提出产品的出厂价还要下调一点，不然就选择其他厂家。我很为难，也很着急，赶紧给厂长打电话汇报。可是厂长却态度坚决地说，出厂价他专门请人进行过成本核算，再让步厂方就没有利润了。其实我知道，不是没有利润，只是利润少点而已。我很遗憾地离开了西宁。事后我打听到，另外一家酒厂也是四川的，对方厂长亲自赶到西宁，答应了张总的苛刻条件，并且提出可以让经销商先卖货，后付款。他们的产品通过张总的销售渠道，逐步占领了西宁的中档白酒市场，并且收回了全部货款。

　　我很惋惜，如果厂长妥协一下，不那么固执，也许占领西宁市场的就是我们了。人生何尝不是这样？人生总会遇到难题，而妥协不失为上策。妥协，是一种适度的弯曲。在困难与压力面前作适度的低头是人的一种基本生存能力，在强大的压力面前死撑硬拼只能带来无谓的牺牲。妥协是一种屈服，但并非屈辱；妥协是一种请求，但并非乞求；妥协是一种软弱，但并非卑贱。妥协与放弃无关，因其一波三折，反更显执着。好比眼前一汪水，跨过去、跳过去，或者干脆趟着过去都可以，最多多洗一双鞋，脚丫子难受一会儿。可想想跨度不够大，跳得不够远的风险，还有那洗鞋和洗脚的时间，不如绕过去。绕过去的美妙在于把投入风险降到最低，而又能获取同样的回报。

　　我到菜市场买菜，常常是老板出一个价，我出一个价，老板说，你还高一点，我说你再低一点。他抬价我压价，我压价他抬价，双方各让一步，最后结果是：生意成交。人生也是一个菜市场，上帝向人出售快乐，出售幸福，出售成功，出售命运，我必须与上帝讨价还价。我知道我无法实现理想人生，但我还能与还算过得去的人生成交。

　　当今社会，妥协是民主的精髓，是多数人的决定和对少数人的尊重。美国的参议院和众议院通过提议的过程就是妥协的过程。妥协还是国际关系和外交的全部内容。不同民族、国家、文化要达成共识，没有妥协几乎是不可想象的。韩国人质事件的顺利解决，就是韩国政府和阿富汗塔利班武装分子妥协的结果。塔利班放弃用韩国人质同阿富汗政府交换囚犯，而韩国政府同意从阿富汗逐步撤军，同时不再派人到阿富汗传教。很难相信，如果按照美国的做法，坚持不与塔利班谈判，也许那19名韩国人质只能葬身在异国他乡了。

妥协是一种智慧，妥协是你伸出一只手，我伸出一只手，咱们握手言欢，求取人生的最大公约数。学会妥协，你就走上了成功的人生之路。

"大智若愚"不是真"愚"

　　明朝建文帝登基后，听从齐泰、方孝孺等人的建议开始削藩。晋王、秦王等藩镇亲王死的死，抓的抓，一场巩固皇权的斗争，变成了帝王家族内部的灾难。到最后，仅仅剩下实力最强的燕王朱棣。燕王朱棣镇守北平，维持了明朝北疆的和平与安定，蒙古人的铁骑再也没有踏进中原半步。燕王文韬武略，其才干远在朱元璋其他皇子之上，是朱元璋最为器重的儿子。朱棣原以为太子朱标死后，父亲会将他册封为储君，可是朱元璋却将朱允炆立为皇太孙，而其亦顺利地登上皇位。

　　朱棣心中不服，朱允炆也知道他内心不服，迟早都会发动叛乱。于是他们先后调走了朱棣的谋士南轩公，削掉了他的兵权，将他的两个儿子作为人质扣留在南京，并且安排了徐诚作为北平布政使监督燕王府的一举一动，将军铁平控制了北平周围的部队。这时的燕王，真的是穷途末路，生命危在旦夕。在接到湘王临死前送来的密信后，朱棣开始装疯，他钻进王府的大鱼缸里，披散着头发在里面游泳，抓住金鱼就开始吃，并且大声地叫喊着"我是东海龙王，我要见玉皇大帝"，或者"我是太上老君，我要见玉皇大帝"

之类的疯话。有时候，燕王还要到集市上去撒泼，搅得老百姓做不成买卖，一时舆论哗然。除了几个心腹幕僚之外，所有人都被蒙在鼓里，就连王妃也毫不知情。

燕王发疯的事情，瞬间传遍了北平城。其实这也在情理之中，所有的权力都被剥夺了，自己的兄弟们一个个被建文帝杀掉，而且还要不断上奏折，揭发这些被废亲王的罪行，拥护建文帝的削藩举措。到最后，燕王肯定也是在劫难逃，因为大家都知道他雄才伟略，是建文帝的最大潜在对手。这样的事情，放在任何一个人身上，都是莫大的刺激，那种死亡前的滋味不好受啊。这就是一场猫鼠游戏，等死的煎熬，不把人逼疯才怪呢！

燕王发疯，很快就被报到了南京。经过各方面信息的确认，建文帝相信了，产生了恻隐之心。对于一个疯癫的人来说，跟死人又有多大区别呢。于是建文帝放松了对燕王的控制与迫害，谁知道燕王正是利用发疯装病在给自己争取时间。最终燕王凭着八百精兵，将建文帝从皇宫里赶了出去，这才有了后来的明成祖。

兵不厌诈，装疯卖傻，有时候正是保命的良方。大丈夫能屈能伸，又岂肯在乎那一朝一夕的得失呢？与此类似的，还有孙膑。孙膑被庞涓设计陷害去掉髌骨后，他开始装疯卖傻，撕毁辛苦写就的兵书，整天傻兮兮的，时而哭时而笑时而叫。庞涓生性狡黠，恐其佯狂，遂命人将他拖入猪圈中，孙膑披发露面，倒身卧于粪秽之中，大异常人。孙膑整日狂言诞语，或哭或笑，白日混迹于市井之间，晚间仍归于猪圈之内。数日后，庞涓才相信孙膑是真疯了。孙膑装疯避祸，最终得以逃脱庞涓的控制，并且报仇雪恨。

　　装疯卖傻是一种艺术，是聪明人在自己实力不济时向对手示弱争取同情的缓兵之计。这算是大智若愚的一种表现。一旦此人装疯结束，那么对手必将迎来一场暴风骤雨般的打击，这也是装疯避祸的必然结局。

人生需要留个备胎

　　某个深夜我从省城驾车回家，途经市郊的下穿隧道时，汽车突然发出哐啷一声巨响，接着方向盘就有些失控。我赶紧松油门退挡减速，将汽车滑行到前方的一处加油站停下。直觉告诉我，前轮爆胎了，需要紧急停车检查一下。

　　车内的朋友一下子着急起来："这可咋办？现在已经深夜十二点了，汽车修理厂也关门了，我们莫非要在这里等到天亮？家里人可着急了，已经打了几个电话。"瞧他们那心急火燎的样子，我暗自好笑："各位，你们不知道汽车都有备胎吗？最多半个小时，我就可以把备胎安上去，我们就可以回家了。"那几个急性子又一下子欢呼雀跃起来，备胎真是太好了，这可真是有备无患。

　　于是，我打开汽车后备厢，取出备胎和工具，大家七手八脚地帮忙，很快就把备胎上好了，总算把这帮朋友安全地送回了家。如果没有备胎，这一路可真是不堪设想。

　　以前我喜欢骑摩托车旅行，整个四川都被我跑遍了。有一次，我和老张骑摩托车去川西高原。本来我是走在前面的，老张和我相距不过五十米远，我在后视镜中就可以看见他。可是过了不久，老张就在我后视镜中消失了。我的心一下子绷紧了，这小子莫非出了什么事，电话也不打一个。我赶紧掉转车头回去找他。原来老张的弯梁车爆胎了，烂在了机耕道上。老张坐在地上一筹莫展，连电话也忘记给我打了。还好我带着一只打气筒，我试了试，还可以打气，可见轮胎受到的破坏并不大。

　　然而令人分外沮丧的是轮胎最多跑五里路又没气了，又得重新打气。草原上人烟稀少，跑几十公里都难得见到一个城镇，更不用说找摩托车修理铺了。就这样走走停停，我们总算熬到了若尔盖县城，重新换了内胎才算去掉这块心病。从此以后，每次骑摩托车出去旅行，我都要带上一条内胎和打气筒，直到前些年我把前后车胎都换成真空胎，这才免掉了爆胎的隐患。

　　汽车装有备胎，骑摩托车出远门带条内胎和打气筒，都是防患于未然，让我们在出现突然状况的时候不至于感到手足无措。凡事预则立不预则废，我们的人生实际上也需要准备一个备胎。人生就像大海中的一叶方舟，有了目标，才会有方向，有了补给，生命才得以延续；人生还像峰峦中蜿蜒前行的越野车，有了汽油，只是有了动力，有了备胎，才会拥有保障。

　　当今社会竞争激烈，优胜劣汰是一种常态。今天你可能还是一位千万富豪，豪宅和靓车伴你左右。明天如果你生意失败，那么这些物质享受都会离你远去，说不定为了躲避债务你还得东躲西藏。

然而只要你给自己留有备胎，那么你就有了东山再起的机会。

商界传奇史玉柱不就是一个鲜活的案例吗？曾经风光无限的巨人大厦成了烂尾楼，公司破产清算，多少债主追着他要钱。然而史玉柱没有倒下，凭借着脑白金这款保健品的成功营销，史玉柱又站了起来，不仅还了曾经的欠款，还涉足 IT 行业，进军游戏产业，成就了一段商业神话。

有备无患，让我们都给自己留一个或多个备胎吧！一个备胎一条路，也许一个备胎，就能让我们在失意时扭转乾坤，重新走向成功的彼岸。

给别人留条路

但丁曾说过："走自己的路，让别人去说吧！"这句话掷地有声，不知鼓舞了多少有志青年。可是近年来恶搞风泛滥，有人把这句话改成了："走自己的路，让别人无路可走！"数字之差，意思大相径庭，勾勒出一批人得意忘形的嘴脸。如果我们照此执行，必定会给自己和别人带来伤害。

在人生的漫长道路上，我们在学习、生活和工作中，会遇到不少竞争对手，这本来无可厚非。但是如果我们为了在竞争中胜出，不择手段打压对手，从而让别人无路可走，这就不妥了。竞争之中，各方斗智斗勇，全力拼杀，但彼此之间应保留着一份起码的相互尊重。竞争者都想打败自己的对手，取得胜利，但是应该避免剥夺对手存在的基本权利。如果将竞争对手逼得太狠，那么被逼急的兔子也会咬人。所谓得饶人处且饶人，如果竞争之中，给别人留条出路，那么也就等于给自己留了条后路。

明朝时，芜湖城内有两大粮商汪真润与曹伯才，每年的秋收季节，芜湖地区的粮食收购几乎被这两家粮店垄断。两人一得江南，一得江北，倒也相安无事。可是汪真润为收购到更多的粮食，也为了挤垮对手，将收购的价格上扬了许多，以致江北的一些农民都跑到了江南来卖粮。无奈，曹伯才只得将粮价上涨，可他只涨到与汪真润给出的粮价持平，也就是向汪暗示他无意竞争，但汪却再次提高粮价。忍无可忍之下，曹伯才开始反击，抬高粮价并派人在江南拉拢顾客。就这样，一来二去，双方的损失都很惨重，只能导致两败俱伤。这是汪真润逼人太甚的结果，也是他不懂得对人宽容就是对己宽容的结果。

商场如战场，但是商战也需要一个自由而有序的竞争机制，就是要遵守一定的游戏规则。竞争是为了获利，但如果竞争者为了满足本人无休止的利益欲望，占尽了他人的利益，不让其他人获利，那么这样的竞争者只能获利一时，不可能得利一世。

北京同仁堂药店是数百年的老字号。能够生存数百年而成为不倒翁，同仁堂肯定有自己独特的经营之道。晚清时期，时局混乱，生病需要抓药的人特别多。同仁堂的名气吸引了大量的客源，因此一直门庭若市，生意兴隆。但同仁堂并没有乘机大肆涨价，反而对于有些实在无力承担药费的百姓免费诊治抓药。有时，在自己药店某项药物紧缺时，同仁堂还会将顾客介绍到其他药店去。这样，同仁堂不仅继续保持了大量的客源，而且在同行中也获得了相当的美誉度，成了行业领袖。

道理看起来简单，如果其他人一点利益也没有，还会有谁去与你打交道呢？世界看似纷繁复杂，其实说穿了就是利益的纠结。小到人与人之间，大到国家之间的交往，如果我们都能做到学会让别人分享利益，给别人时时留条后路，那么你会发现，你的朋友越来越多，办事也会越来越顺利，你的人生会越来越精彩。

第四辑

何需惧风雷，
雨后的彩虹最美丽

本辑编者　周礼

我们任何一个人都不要低估自己的能力，也不要过于迷信权威。

世上之事，没有什么是不可能的，只要你尽力去做，

成功的大门总是虚掩着的，轻轻地推开它，

你就步入了成功的殿堂。

不要为打碎的花瓶哭泣

那天，窗外飘着阵阵零星细雨，杰克百无聊赖，只好与妹妹在家中玩起了捉迷藏。妹妹蒙着眼睛开始数数，杰克悄悄地溜到妈妈的房间，他打算躲到窗帘背后，谁知一不小心，碰到了放花瓶的桌子，只听"啪"的一声脆响，花瓶掉在地上摔碎了。

杰克见状，吓得面如土色，那是妈妈最心爱的一只花瓶，要是她知道了，一定会打断自己的双腿。杰克后悔不已，他想，那么多好玩的游戏，自己为何非要玩捉迷藏呢？那么多的地方可躲，自己为什么非要躲到窗帘背后呢？如果不玩捉迷藏，不躲到窗帘背后，那只花瓶就不会被打碎了。可是，一切都悔之晚矣，花瓶已经碎了。

现在该怎么办呢？杰克心中如一团乱麻，他首先想到了把责任推给妹妹，如果自己对妈妈说，花瓶是妹妹打碎的，妈妈一定会相信，那样他就可以免除被惩罚了。可是，妹妹那么小，那么可爱，他应该保护妹妹才对，怎能将坏事嫁祸于她呢？

接着，杰克又想到了把责任推到那只白色的波斯猫身上，它整天在家中上蹿下跳，碰翻东西是常有的事，只要自己说几句谎话，妈妈肯定会相信的。可是，妈妈说过，如果波斯猫再打碎家中的东西，她就要将它送人，他可不想因为一只花瓶，而失去自己最好的"朋友"。

最后，杰克想到了离家出走，他想等妈妈的气消了再回来，那样妈妈就不会打他了。可是，自己从未出过远门，也从未独立生活过，并且身上只有几个可怜的硬币，他又能跑到哪里去呢？一想到外面的小偷、强盗、骗子，杰克的心里就发怵，还是算了吧，家里可比外面安全得多，温暖得多！想来想去，杰克毫无办法，只能坐在地上大声地哭了起来。

妈妈听到杰克的哭声，慌忙从厨房里走出来，她关切地询问杰克："孩子，到底发生了什么事？为何你哭得如此伤心？"杰克指着地上的碎片，啜泣着说："妈妈，对不起！我打碎了你心爱的花瓶。"虽然妈妈十分心疼她的花瓶，但一只花瓶与儿子比起来，又算得了什么呢？于是她忍住心中的怒火，轻声细语地安慰杰克说："孩子，哭是不能解决任何问题的。花瓶已经碎了，无论你怎么哭泣也无法让它复原，你要做的不是在这儿伤心流泪，而是找把扫帚，把碎片清扫干净。"

经历了这件事后，杰克明白了一个道理，那就是无论遇到多么糟糕的情况，都不要为打碎的花瓶而哭泣，因为逃避、埋怨、烦恼、消沉、后悔都无济于事，只有正确地对待自己的过失，并把目光朝前看，那样才能最大限度地挽回过去的损失或失败。后来，杰克用自己积攒下来的零花钱，为妈妈重新买了一个花瓶，比之前那个还漂亮。

鹰曾是被抛弃的弱者

很久很久以前，在澳洲的一个小岛上，生活着一群名叫长喙的鸟儿，它们以蒺藜的果子为食，世代繁衍。

岛上生长着不计其数的蒺藜树，足以满足长喙鸟们生存的需要，所以它们不必为食物而发愁，生活得无忧无虑，安适快乐。然而不幸的是，有些长喙鸟一生下来就带着"残疾"，它们的嘴不像妈妈那样长长的、尖尖的，而是短小钝滞。要知道，长而尖的嘴是长喙鸟生存的工具和资本，因为蒺藜果浑身长满了坚硬的刺，没有尖长的嘴是无法啄开蒺藜果外面的壳的。如果失去了赖以生存的果实，它们就只能被活活地饿死。为了与长喙鸟区分，我们暂且将这种带"残疾"的鸟叫短喙鸟。

通常短喙鸟在出生两个月后，就会被妈妈无情地抛弃。许多短喙鸟在离开妈妈后不久就被饿死了。但也有一些坚强的短喙鸟，它们不甘心命运的安排，决定放手一搏。它们用短小钝滞的嘴，尝试着啄开蒺藜果。可是无论它们怎么努力，甚至嘴被刺得鲜血直流，依然无法啄开。而在这个岛上，除了蒺藜果以外，又没有别的食物可吃。于是，在万般无奈之下，短喙鸟们带着一身的伤痛飞离了这个小岛。

短喙鸟们在海上盘旋着，发出一声声绝望的悲鸣。就在它们饿得快没有力气时，突然欣喜地发现海面上有一些小鱼在游动。它们不顾一切地俯冲下去，以最快的速度，将一条小鱼叼在嘴中。尽管它们十分讨厌这种腥腻的味道，但为了生存，它们还是皱着眉头咽了下去。靠着海上丰盛的鱼儿，它们活了下来，也渐渐改变了以往的饮食习惯，从食果动物变成了食肉动物。慢慢地，它们发现，其实肉食的味道并不比蒺藜果的味道差。

虽然它们暂时有了栖身之所，但海上的生存环境十分恶劣，它们的生活再度受到了严峻的考验。为了能有力地生存下去，它们不得不四处捕猎，猎物也不仅仅局限于鱼类，凡是能够得着的动物都成了它们的捕猎对象。长此以往，在恶劣的生存环境下，短喙鸟练就了犀利的眼睛，强健的翅膀，刚猛的爪子，敏锐的观察力，闪电般的速度，超凡的胆识。它们从被抛弃的可怜虫，蜕变成了翱翔天空的王者。后来人们给它起了一个好听的名字，叫作鹰。

而岛上那些自认为有着得天独厚的条件的长喙鸟，因为岛上气候的变化，蒺藜果的消失，它们也自然走向了灭绝。

原来，所谓的弱者，并非永远都是弱者，只要不屈服于命运，敢于顽强拼搏，哪怕是被人抛弃的"残疾"，也能成为生活的强者。相反，那些仗着自己天生有优越条件而不思进取的人，他们最终会如长喙鸟那样被社会的发展所淘汰。

短视与远见

　　1923 年的一天，沃尔特·艾拉斯·迪士尼来到叔叔家里。他准备开一家影视制作公司，但在资金方面遇到些问题，他希望叔叔能借给他一笔钱。为了取得叔叔的支持，迪士尼答应，无论叔叔出多少钱，都可以拥有公司一部分股份。这本来是一个很有诱惑力的承诺，但迪士尼的叔叔却并不稀罕，他是一个很现实的人，从不作无谓的投资。那时迪士尼尚未成名，只是一个有着一腔热血的普通青年，他的公司能支撑多久，没有人能说得清。念在亲戚的份上，他借给了迪士尼 500 美元，但条件是：拒绝入股，返还现金。

　　谁也没有想到，几年后，迪士尼的公司成了美国知名的企业，尤其是"米老鼠系列"和《三只小猪》上影后，迪士尼名声大噪，其公司股价直线上升。这时迪士尼的叔叔后悔不迭，如果他当初选择入股的话，现在他至少能够拥有 10 亿美元的财富。

　　与迪士尼的叔叔比起来，胡雪岩则是一个卓有远见的人。25 岁那年，胡雪岩正在阜康钱庄当伙计。一天，他在茶馆里一边喝茶，一边听别人闲聊，这时，从外面走进来一个与他年龄相近的落魄书生。虽然这个人衣衫破旧，满面愁容，但看起来气宇不凡。胡雪岩向来敬重读书人，于是主动靠过去，与他攀谈起来。

胡雪岩在交谈中得知，这个人名叫王有龄，出生于官宦世家，但到了他父亲那一代就没落了，虽然他捐了个盐运使，但那只是一个虚名，并没有实际权力。此次他途经浙江就是为了进京求取功名，补个实缺。然而不幸的是，他的盘缠全部花光了，并且他的父亲还病死在了杭州。现在他身无分文，举目无亲，不知该如何是好。

听了王有龄的诉说，一股怜悯之情油然而生，胡雪岩决心帮助王有龄渡过难关。在胡雪岩看来，王有龄并非等闲之辈，将来一定前途无量，如果能够助他一臂之力，他定会感激涕零，报之以李。可是，自己也是一个一穷二白的伙计，又哪来那么多钱帮助他呢？忽然，胡雪岩想起了自己刚收回来的一笔死账，一共有五百两银子，现在暂时还没有任何人知道，不如将这笔钱拿给王有龄救急，等他补了实缺后再还上，岂不是两全其美？

当王有龄拿着胡雪岩送给他的五百两银票时，他简直难以置信，感动得热泪盈眶，只说了一句话：咱们萍水相逢，你怎么对我这么好呢？胡雪岩笑答：朋友嘛，本来就应该互相帮助，如今你有难处，我心里十分难过，不拉你一把，我睡不着觉！

事实上，胡雪岩看人真的很准，不久，王有龄便成功当了浙江粮台总办。王有龄发达后，偿还了胡雪岩的恩情。后来，胡雪岩的生意越来越好，除钱庄遍地开花外，他还开了许多商铺，经营中药、丝绸、茶叶、粮食等业务，其个人资产超过了二千万两白银，可谓富甲一方，难怪后来人们说："为官须看《曾国藩》，为商必读《胡雪岩》。"

不让世界改变自己

　　多年前，有两个年轻人去海边玩耍，那时正值退潮，随着一波一波的海浪渐行渐远，海滩上留下了不计其数的贝壳和其他海洋生物。其中一个年轻人看见后，赶紧弯下腰，将那些未能跟着海水一起回到大海的贝壳一个一个地拾起，然后用力地抛向海水中。

　　对此，另一个年轻人感到十分不解，他好奇地问："你这是干什么，好玩吗？"扔贝壳的那个年轻人回过头说："不是，我在拯救贝壳，它们被海水冲到了岸上，如果我不将它们及时送回大海里，时间长了，它们会全部死掉的。"另一个年轻人说："你觉得这样做有意义吗？海滩这么宽，即便你不吃饭，不睡觉，扔到明天早上，也拯救不了多少贝壳，与其像傻子一样做无用功，不如好好地欣赏落日下的海浪沙滩。再说，海滩上这么多人玩耍，你看，除你之外，还有谁在充当救世主呢？你就不要白费力气了，浪费了这大好时光。"

　　朋友的劝说并没有让他停下手里的活，他一边忙碌着，一边淡淡地回答道："虽然我没有能力改变所有贝壳的命运，但至少我可以改变上百只贝壳的命运；虽然我改变不了别人的意志，但至少我可以坚持自己的想法，做自己喜欢做的事。在海滩上散步是一种享受，挽救贝壳的命运同样是一种享受，反正我们也没有别的事，何乐而不为呢！"另一个年轻人听后不以为然，他嗤之以鼻地说："那你慢慢享受吧！我还有别的事，就不陪你了。"

多年后，在海边拾贝壳的那个年轻人成了著名的企业家，深受别人的尊敬和爱戴；而另一个人则一事无成，终日牢骚满腹。

一个小小的细节就可能决定一个人的命运，改变一个人的人生。在这个世界上通常有两种人，一种人在遇到困难时，总是为自己寻找退缩的借口，还冠冕堂皇地说，别人都这样，我为什么不可以呢？而另一种人遇到困难时，总是尽自己最大的努力去做，能完成多少是多少，能改变多少是多少，并且从不抱怨，也从不计较其中的得失。

在生活中，我们每天都会面对许多的事情，而在具体处理这些事情时，我们常常会受到外界的影响和牵制。比如，大街上躺着一块香蕉皮，有很多人从它面前经过，但大部分的人都选择了视而不见，因为他们认为那不是自己丢的，凭什么去捡；而有一小部分人，他们想也没想，就将香蕉皮捡起，顺手扔进了垃圾箱里，因为他们认为这只是举手之劳，没什么大不了的。

很多事情，做与不做，完全在人的一念之间。不做，你就成了一个随波逐流的人，久而久之，你就会丧失掉自我，变得麻木不仁，听天由命，完全处于被动状态；而做了，你不仅不会损失什么，还会从中获得经验教训，获得勇气与力量，获得别人的感激与支持，更重要的是，你可能会影响身边的许多人。因此，凡是我们认为对的事情，无论别人怎么说，怎么做，我们都不必理会，始终坚持自己的原则，将它认认真真地做好，即便我们改变不了世界，但也决不让世界改变我们。

唤山不如走过去

　　世界著名营销大师柴田和子刚进入寿险界时，遇到了一位脾气暴躁、刁钻苛刻、蛮不讲理的上司。这位上司每天板着一副严肃的脸，动不动就对下属大呼小叫，不是训斥这，就是训斥那。要是遇到心情不好，他还会不断地找茬，把所有的情绪都发泄到下属的身上，大家几乎每天都生活在一种白色恐怖之中。

　　那天，柴田和子高高兴兴地去公司上班，谁知前脚刚迈进办公室的大门，就听见支部长（上司）生气地说道："你怎么可以右脚先踏进办公室呢？赶紧退回去，重新敲门进来。"柴田和子满心委屈，忍不住问："左脚先踏进办公室和右脚先踏进办公室有什么关系，目的不都一样吗？"支部长没有回答她的问题，而是大声地骂道："你懂什么！一个新来的菜鸟，按照我说的做就是了。"柴田和子生性好强，并不轻易服软，她站在原处一动不动，打算与支部长进一步理论，她觉得即使自己犯了错，也要知道错在什么地方。

　　支部长见她没有动，面子上十分过不去，怒不可遏地朝她吼道："怎么，想造反吗？你爱干不干，不干立马卷铺盖走人。"柴田和子默默不语，她知道，跟这种人讲道理是讲不清的。支部长见柴田和子不说话，便挖苦道："怎么，你想以沉默来对抗吗？"

　　柴田和子的泪水夺眶而出，她忍不住伤心地哭了一场，随后头也不回地离开了办公室，她决定就算去捡垃圾、扫大街，也不愿再面对这个变态的上司。就在柴田和子准备写辞职报告时，母亲走了过来，她亲切地对柴田和子说："孩子，你听说过穆罕默德唤山的故事吗？"柴田和子摇了摇头。母亲继续说："曾经，穆罕默德对别人说，他能让山移动到他面前，可是他连唤了三次后，大山岿然不动。于是，穆罕默德只好微笑着说，既然山不过来，那我就自己走过去吧！你的那位支部长就如同挡在你面前的一座大山，你要想改变他，那根本不可能，唯一的办法就是主动去适应他，因为唤山不如走过去。"

　　听了母亲的诉说，柴田和子恍然大悟，自己进公司的目的不是为了寻找一个温和友善的上司，而是为了学习营销的技巧，如果遇到这么一丁点儿的困难就退缩，那自己这辈子能有多大出息呢？回到公司后，柴田和子诚恳地向支部长道歉，请求他的原谅，并下定决心去适应支部长的脾气和管理模式。

　　其实，这位支部长除了脾气不好和有洁癖外，他的身上还是有不少的优点的，比如，经验丰富，业务精湛，做事一丝不苟，看待问题敏锐、犀利等。从支部长的身上，柴田和子学到了很多的东西，为她事业的发展打下了坚实的基础，可以说没有这位苛刻的支部长，就没有后来辉煌的柴田和子。

　　正是因为柴田和子秉承唤山不如走过去的原则，所以不管遇到多么刁钻的客户，她总能想办法去适应他们，说服他们。就这样，仅仅过了几年，柴田和子的业绩就超过了日本的任何一位推销员，刷新了吉尼斯世界纪录，成为全球寿险界数一数二的顶级大师；而她的那些同事，要么还在喋喋不休地抱怨着，要么愤然地选择了离开。

一张报纸的价值

一切的改变皆从那场车祸开始。那天，贺小萌放学回家，在一个十字路口，看见一个调皮的小男孩在公路上玩皮球，玩着玩着皮球从小男孩的手中滑落，滚到了贺小萌的脚边。正当贺小萌弯下腰打算帮小男孩拾起皮球时，他眼角的余光突然瞧见一辆轿车正朝他们驶来。情急之下，贺小萌一把推开了小男孩。伴随着一阵紧急的刹车声，贺小萌像一片飘飞的枯叶般跌落在一丈余外的地上，鲜血染红了他的双腿。

虽然那场车祸没有要去贺小萌的性命，但却让他失去了两条腿。贺小萌在医院里足足躺了两个月才出院。回到家后，贺小萌不得不每天待在轮椅里。一个年华正茂的青年失去了活蹦乱跳的双腿，那是一件多么残忍的事啊！为此，品学兼优的贺小萌一下子沉沦了，他变得自暴自弃，沉默孤僻。除了动不动就对父母发脾气外，他从来不与任何人说一句话。同学来看他，他用送来的礼物砸他们。父母劝他，他就绝食。他每天都把自己关在一间黑暗的房子里，两眼呆呆地望着天花板，谁也不知道他脑子里想的什么。见他这样，母亲终日以泪洗面，父亲终日无可奈何地摇头叹息。

转眼间半年过去了，又到了一年春暖花开时。一缕缕温暖的阳光透过贴着报纸的玻璃窗户投落在他那双空荡荡的裤腿上，窗外几只小鸟欢快地叫着。也许是他在家里闷得太久，也或许是春天的情愫感染了他，他第一次主动要求父亲推他到外面去走走。父亲露出了久违的笑容，像买彩票中了大奖似的，喜滋滋地将他推到了小区的花园里。

此刻，花园内阳光明媚，垂柳依依，鸟语呢喃，空气清新怡人，花香阵阵。贺小萌感到外面的世界是那么的美好，心情前所未有的轻松。然而就在他沉醉于春天的美丽时，他猛然间触到了人们看他时好奇的目光，这些目光犹如一支支利箭直插贺小萌的心脏，令他窒息，令他痛不欲生。

贺小萌的这一变化，很显然被父亲看在眼里，但父亲并没有安慰他，而是顺手从地上捡起一张废报纸，亲切地对贺小萌说："孩子，你觉得这张废报纸有价值吗？"

贺小萌低垂着头，一动不动地盯着地上爬行的蚂蚁。他是多么羡慕这些蚂蚁，它们有灵活的双腿，可以自由自在地去想要去的地方。而自己就像一个废人，每天除了吃饭，就只能坐在轮椅上消磨生命。他抬起头，目光呆滞地望着父亲，冷冰冰地说："一张废报纸能有什么价值！"

父亲没有立即反驳他，而是将报纸铺在地上，然后一屁股坐了下去。父亲说："孩子，你看，它是有价值的，它可以用来垫在地上，供人坐着休息。"接着父亲又将报纸拿起来，津津有味地翻阅。父亲说："孩子，你看，它是有价值的，它还可以供人阅读，供人消遣。"

虽然贺小萌觉得父亲说的有些道理，但这跟自己有什么关系呢？

只听父亲继续说道："孩子，其实任何东西都有他存在的价值，比如一棵草，一朵花，一片树林，一只蚂蚁，一只蜜蜂……这些东西看似卑微，但它们都是有价值的，对人类都有着不可估量的贡献。孩子，你作为一个活生生的人，虽然不幸失去了双腿，但你还有聪明的智慧，还有一颗善良的心，还有一双勤劳的手，你完全可以做一个有益于国家、有益于社会的有价值的人。"

贺小萌望着父亲充满希望的眼神，坚定地点了点头。从那以后，贺小萌不再整日将自己关在屋子里，而是积极地帮助周围的人做着自己力所能及的事情。

推门的勇气

那年，学校领导在没有通知我的情况下，就为我报了省里的优质课大赛。得知此事后，我诚惶诚恐，埋怨领导不该让我去，我一个小地方的青年教师，既没有渊博的学识，也没有丰富的教学经验，让我去参加这么高级别的比赛，别说拿奖，要是出个什么差错，岂不在全省的同行面前丢尽脸面？我强烈要求领导重新换一个人。

领导听后，轻轻地拍了拍我的肩，满怀信任地说："小伙子，不要担心，我们都看好你，你就全力以赴吧。"虽然我极不情愿，但名单已递交上去，无法修改，我只能硬着头皮应赛。毕竟这不光牵扯到我个人，也关系到学校和地区教育主管部门的名声，为此，我认真地作了一个多月的准备。

比赛那天，可谓群英荟萃，全省的教育专家、资深的业内同行，大家济济一堂，让人望而生畏。来之前我已做好了充分的思想准备，我不是来拿奖的，我只是把这当作一次锻炼自己的机会，要是赛得好，权当是运气。要是赛得差，就当是拜师学艺。

　　参加比赛的人都是各个地区的骨干或精英，他们纷纷登场，演绎了一堂堂精妙绝伦的优质课。快轮到我时，我的内心还是不免有些紧张。这时一位老教授的话在我的耳边响起，当自己感到慌乱时，先做三次深呼吸，然后忘却下面坐着的领导和专家，心里只有课和学生。于是我试着调控自己的情绪，把要讲的内容迅速地在脑海里回忆了一遍，确认没有丝毫的疏漏以后，我一下子放松了许多。我从容镇定地走上讲台，神态自若地侃侃而谈，以自己特有的教学方式，诙谐轻松的语言，赢得了台下一片热烈的掌声。

　　优质课大赛结束，我出乎意料地获得了三等奖，尽管只是三等奖，但对于像我这样一个二十多岁的年轻教师来说，已是莫大的成功。后来我才知道，我心中崇拜的那些老教师，其实他们在走上讲台时，同样紧张得要命，同样没有十足的把握。

　　在领取奖杯和证书的那一瞬间，我突然想起了吉·海因斯。在1968 年的墨西哥奥运会百米赛道上，美国选手吉·海因斯以 9.95秒的成绩，打破了欧文斯 1936 年创下的 10.03 秒的纪录。在之前的 32 年中，人们一直将欧文斯创下的纪录当作神话，认为无人能再超越，包括海因斯也这样认为。然而他却奇迹般地打破了这个神话，开创了奥运会百米赛的新纪录。当海因斯触线的那一瞬间，他看到了指示灯上的数字 9.95，他掩饰不住内心的激动，自豪地说，原来 10 秒这扇门不是紧锁着的，而是虚掩着的。

看来，我们任何一个人都不要低估自己的能力，也不要过于迷信权威。世上之事，没有什么是不可能的，只要你尽力去做，成功的大门总是虚掩着的，轻轻地推开它，你就步入了成功的殿堂。

一个货郎的遗言

多年前，我在一个边远的山区支教。学校坐落在一座林木茂密的大山中，风景十分秀美，可是交通非常不便，赶一趟集得步行三四个小时，平常所吃的菜多半都是学生家长送来的。

学校的条件十分落后，除了三间简陋的教室外，还有一间狭小的办公室，也是我的卧室。学校一共有三名教师，除了我是外地人外，另外两名教师都是本地人，每天放学后他们都要回自己的家。白天的时光比较好应付，除了上课，批改作业，还可以和两个同事聊聊天。但晚上的日子就难熬了，那时没有电视，连电灯也没有。通常放学后，我先到后山吹一阵笛子，随后再去山下的河边坐坐，等到天快黑时再回到宿舍里。

那年月，乡间时常有货郎出没，他们挑着一个担子，走村串户，卖些日用品什么的。其中有一个叫张老三的货郎，每个星期都会在这一带转悠。路过的次数多了，彼此便熟识起来，偶尔买了东西，也站在一起说说话，拉拉家常。张老三年约四十岁，长得憨厚老实，脸上黑不溜秋的，额头上的皱纹很深，说起话来像放机关枪似的。

　　有一个周末，张老三正好路过这儿，我问他能不能帮我搞一部收音机。张老三嘿嘿地笑着说，没问题，我每个月都要去城里进一次货，到时顺便给你带一部，绝对不赚你的钱。我听后十分欢喜，随即将买收音机的钱交给了张老三。那时的工资很低，买这个收音机几乎花去了我大半年的积蓄。张老三临走时又补了一句，您放心吧，下个星期我就可以给您带回来。

　　周一的早上，我向同事说起了此事，他们听后都埋怨我说，你太老实了，怎么能先把钱给他呢？他一个走村串户的货郎，要是拿着钱跑了，你上哪儿去找他呀！我解释说，让别人带东西，怎么好意思让人家垫钱呢？再说看他人挺忠厚的，又经常在这一带出没，应该不至于如此吧。同事叹息说，人心隔肚皮，还是慎重些好。

　　同事的话不无道理，毕竟这不是一个小数目。我隐隐有些担心，说实在的，要是张老三从此不再来这儿卖东西，我还真找不着他，我根本不知道他住在什么地方，甚至连他的真实姓名也不知道。

　　一连几天，我都守在校门口等着张老三的到来，可是一个星期过去了，张老三的半个影子也没见着。我安慰自己，张老三不是那样的人，他可能是最近有事情忙不开，过一段时间就会来的。然而一个月过去了，还是不见张老三的踪影，看来真印证了同事说的话，我彻底失望了。

　　半年后，我因受不了山里的艰苦条件，当了逃兵，回到了自己的家乡，也渐渐将这件事情淡忘了。

多年后，我再次来到曾经支教的地方，这里早已成了旅游区，学校面目一新，不仅修了综合大楼，而且还来了许多年轻的大学生。这所学校的校长，正是我当年的一个同事，见到我时，他十分激动。一阵寒暄后，他突然像想起什么似的，随即从家里取来一部收音机递给我说："这是当初你让张老三带的，后来是他儿子送来的，我一直替你保存着。"

原来，张老三那次回去后，就一病不起，在家里熬了大半年，但最终还是离开了。临死前，他一再叮嘱他的儿子，一定要将这部收音机给我送来。他还说，一个人最重要的就是诚信，答应了别人的事，一定不能食言。

拿着那部如今只能算做"文物"的收音机，我心里久久不能平静。

澳大利亚的苍蝇

一提到苍蝇，人们自然就会产生一种厌恶感。当然了，因为苍蝇终日在变质的食物、垃圾堆和臭水沟上面爬来爬去，人们一不小心就会被传染上疾病，因此大家见着苍蝇要么厌烦地躲开，要么狠狠地将它拍死。

然而在澳大利亚，苍蝇却是人们喜欢的小动物，并被印制到了50元面值的钱币上，受到与伟人同等的尊崇。也许有人觉得这太不可思议，难道是澳大利亚人的某根神经出现了问题？或是他们想拿这种肮脏的动物来提高自己的抗病能力？答案当然不是，在澳大利亚苍蝇不但不会传播疾病，而且还是一种对人类有益的昆虫，其作用跟蜜蜂差不多。

是什么原因致使生来就喜欢肮脏和恶臭的苍蝇改变了它们的生活习性，变得美丽、洁净、高贵了呢？原来是勤劳质朴的澳大利亚人民。

在很早以前，澳大利亚的苍蝇也像其他国家的苍蝇一样，喜欢生活在肮脏污秽的场所，并且苍蝇的数量多得惊人。为了避免苍蝇传播疾病，给人们带来灾难，每个澳大利亚人都自觉地行动起来。

他们首先从自身做起，养成良好的生活习惯，认真地搞好个人和家庭的卫生，接着他们又不遗余力地将公共场所藏污纳垢的地方一个一个地清除。最后在整个澳大利亚，除了湛蓝的天空，悠悠的白云，遍地的鲜花，再也找不到一个可以让苍蝇寄生的地方。

苍蝇失去了赖以生存的沃土后，被迫改变原有的生活方式，靠吸食植物的浆汁生活。随后，澳大利亚的苍蝇索性学起了蜜蜂，以采食花蜜为生，并一代代地传袭下去，最后澳大利亚的苍蝇彻底改变了以往的生活习性，成了受澳大利亚人尊敬的朋友。

这个故事给了我们许多的启示。比如，在生活和工作中，当我们遭受到别人的非议和排斥时，最好别迁怒和报复他人，不妨学学澳大利亚人，一遍又一遍地反思自己的行为，看看自己哪些地方做得不够好，哪些地方需要改进和完善，哪些言语和行动伤害了他人。这样我们把自己身上的污垢一个一个地去掉了，别人还能说什么呢？兴许先前对你指手画脚的人还会成为你的朋友，成为你合作的伙伴，将你推至事业的巅峰。

其实，许多东西都可以改变，敌人可以成为朋友，逆境可以化为顺境，丑陋可以裂变为美丽，肮脏可以转化为洁净，低贱可以升华为高贵……苍蝇都可以改变，我们还有什么不可以改变的呢？

感悟生命的真谛

　　春花凋落，有再绽之时；树叶黄了，有再绿之时；太阳落山，有再升之时。然而，人的生命只有一次，不再重来。我们感叹时光匆匆，岁月无痕，青春易逝，人生易老。多少人想挽住时间的巨轮永葆青春，但又有谁能真正做到不老呢？空留一腔无奈，化作惆怅，在寂寥的午夜星空下独自忧伤。

　　处在不同年龄阶段的人，对生命有着不同的认识和理解。人年轻的时候，生命总在灯红酒绿中挥霍，在各种各样的诱惑中迷失，在浑浑噩噩、碌碌无为中随风而逝。我们天真地认为生命无穷无尽，死亡离我们遥远无比。那时，时间充足，精力充沛，思维活跃，记忆力强，但我们却什么也没做；当我们步入中年时，蓦然回首，才惶恐地发现自己的青春不在，韶华一去不复返，昔日穿着开裆裤的小孩，如今已长大成人，一天天变老。此刻，我们才真正理解了"光阴似箭，日月如梭"的内涵；当我们步入老年时，再回过头看看自己走过的路，竟发现没有一样值得自己骄傲的东西，更无只言片语留予后人，留予后世。于是痛苦地陷入"少壮不努力，老大徒伤悲"的境地。

从我们呱呱坠地的那天开始，上天就赋予了我们生命，但也注定了我们只是生命中的一个匆匆过客。时间就像一把利刃直插我们的心脏，每翻去一张日历，死亡之神就会近一步。当身边的亲人一个个离我们而去时，我们才真正体会到生命的短暂。

在当今社会，疾病、天灾、意外事故、战争，还有恐怖杀戮，随时都可能在你毫无防备的时候悄悄向你袭来，置你于死地，让我们感到生命是那么的脆弱而又无常。然而，尽管我们无法预测生命，但我们能把握生命，自主掌控活着的每一天，去做自己想做的事，去实现自己该实现的梦想。不求得到别人的欣赏，但求做一枝孤芳自赏的蜡梅，散发出一丁点儿的幽香，告诉这个世界自己曾在这里踏足过，爱过，恨过，此生没有白活。

如何在有限的生命里，释放出自己无限的光彩呢？这也许正如雨果所说："谁虚度年华，青春就会褪色，生命就会抛弃他们。"生命存在的意义不是以时间的长短而论，如果庸庸碌碌虚度一生，即使活一百年，那又有什么意义呢？生命的意义在于奉献，在于不息的奋斗，唯有奉献和不息的奋斗才会为青春增色，为生命添彩。雷锋年仅二十二岁就丧失了自己宝贵的生命，但他却在平凡的岗位上谱写了光辉灿烂的人生，多少年过去了，他的伟大事迹，他的精神还依然存留在人们的心里。

让我们珍惜生命，善待生命，快乐而自由地生活，不因虚度年华而悔恨，不因碌碌无为而羞耻。

居里夫人的两把椅子

1895 年 7 月 26 日，二十八岁的玛丽·斯可罗多夫斯卡（后来，人们习惯称她为居里夫人）与皮埃尔·居里在巴黎郊区梭镇结为夫妻。他们的婚礼十分简单，并不像人们想象的那般隆重，没有高雅的乐队，没有繁杂的仪式，除了几位至亲好友的祝福，没有什么值得别人羡慕的。他们的新房也不像人们想象的那般豪华，房子是一座坐落在渔村的农舍，家中除了一张普通的床、一张普通的桌子、两把普通的椅子，再没有别的家具。

也许你会认为，居里夫人家太穷，买不起家具，或认为居里夫人过于节俭，舍不得花钱。其实不然，在结婚前，皮埃尔的父亲就打算送一套高档的家具作为他们结婚的礼物，但被居里夫人婉言谢绝了。对此，皮埃尔很不理解，他觉得家中只有两把椅子实在太少，想要再添置些，以免家里来了客人没地方坐。居里夫人劝阻他说："亲爱的皮埃尔，椅子多点是会带来方便，但是，客人坐下来后就不走了，我们要花费许多无谓的时间来应酬。与其这样，还不如两把椅子好，你一张，我一张，没有外人打扰，我们可以一心一意地做实验，搞研究，你不觉得这挺好吗？"

　　听了居里夫人的诉说，皮埃尔方才明白妻子的一番良苦用心。于是，他遵从了居里夫人的意见，没有再增添一把椅子。果然，当人们来到居里夫人家后，见家中连一把坐的椅子也没有，只得匆匆忙忙地离开。因为他们实在不愿意自己坐着，而让居里夫妇站着，也不愿意自己一直站着，以俯视的方式跟居里夫妇讲话，这都会让他们很不自在。

　　少了俗事的纷扰，居里夫人得以全身心地工作，她将自己大部分的时间和精力都投入到了科学研究中。功夫不负有心人。居里夫人在事业上取得了巨大的成功，先后获得诺贝尔物理奖和诺贝尔化学奖，成为科学界的神话。居里夫人能取得这样辉煌的成就，可以说那两把椅子功不可没。

　　在巨大的荣誉和金钱面前，居里夫人表现得十分淡定，就像她当初只要两把椅子一样，为了避免记者的纠缠，居里夫人不得不乔装打扮，躲到乡下居住，因为她需要安静，需要继续工作。尽管如此，还是有个别的记者找到了她，无可奈何的居里夫人只好严肃地告诫记者说："在科学上，我们应该注意事，而不应该注意人。"对于金钱，居里夫人同样视若粪土，她毫不犹豫地放弃了镭的专利申请，并把千辛万苦提炼出来的、价值高达 100 万金法郎以上的镭，无偿地赠送给了研究治癌的实验室。如果当初居里夫人申请了镭的专利权，她所拥有的财富也许不会亚于今天的比尔·盖茨。但居里夫人没有这样做，而是第一时间将这一伟大成果毫无保留地公之于世。居里夫人说："荣誉就像玩具，只能玩玩而已，绝不能看得太重，否则就将一事无成。"她搞研究不是为了荣誉和名利，而是为了全人类的进步。

皮埃尔因车祸去世后，他坐过的那把椅子，就成了居里夫人永恒的怀念。看到那把椅子，就想起了与皮埃尔工作和生活的点点滴滴。居里夫人将自己的一生奉献给了科学事业，而那两把椅子也陪伴着她终其一生。

理想与现实

在很久以前，有两个年轻人去远方追寻自己的理想，不幸的是他们中途遇到了强盗，不仅身上的钱粮被打劫一空，而且还在逃亡的过程中迷失了方向。他们走了两天两夜也没有走出去。这儿前不着村、后不着店，荒无一人，他们滴水未进，饿得奄奄一息。

就在这时，上天派了一位慈善的长者来帮助他们。长者将一根钓鱼竿和一篓鲜活的鱼放在地上让他们选择。两个年轻人欣喜过望，有了其中任何一样东西，他们就可以活下来。可是选择什么好呢？经过一番深思熟虑后，其中一个年轻人选择了鱼竿，他的理由是，有了鱼竿，可以钓到更多的鱼，就不用担心以后的日子了。而另一个年轻人选择了鱼，他的理由是，现在饿得前胸贴后背，最要紧的是保住性命，其他的事等以后再说。

就这样，两个年轻人分别拥有了鱼竿和鱼。选择鱼的年轻人用嘲笑的眼神望着选择鱼竿的年轻人，心想，真是个傻帽，在这里鱼竿有何用？而选择鱼竿的年轻人用鄙夷的目光看了一眼选择鱼的那个年轻人，心想，燕雀安知鸿鹄之志哉？咱们走着瞧吧！

两人分道扬镳后，拥有鱼的年轻人就地生起了一堆火，将鱼穿在一根木棍上烤熟。他美美地饱餐了一顿，惬意地睡了一个大觉。然而，好景不长，他拥有的鱼很快就吃光了，可前方的路依然茫茫无边。短暂的欢愉换来的是无尽的痛苦，年轻人最终没能走出困境，饿死在了鱼篓边。临死前他十分后悔，心想，当初为什么我不选择鱼竿呢？有了鱼竿何愁没鱼，何愁没有出路。带着无限的眷恋，他不甘心地闭上了双眼。

拥有鱼竿的年轻人心中有了信念，他忍受着一阵阵饥饿的侵袭，日夜兼程，艰难地向前行走着。他想，有了鱼竿，只要找到一条小河，或一个池塘，他就有希望了，所有失去的东西都会在不久的将来找回来，他会拥有别人拥有的一切。然而，这位年轻人的运气实在太差了，当他好不容易看到大海时，却耗尽了全部的精力，没有一丁点儿力气垂钓，最后他饿死在了海滩上。临死前，他非常后悔，心想，如果当初自己选择鱼，就不会有今天的下场了。带着无限的眷恋，他也不甘心地闭上了双眼。

两个年轻人的结局令人扼腕叹息。如果选择鱼竿的那个年轻人与选择鱼的那个年轻人能走在一起，先利用现有的鱼，渡过眼前的难关，然后来到大海边，再利用鱼竿一同打拼，那样他们不但都能活下来，而且还可以过上幸福的生活，可遗憾的是他们选择了各奔东西。

生活中，有理想的人很多，然而真正成功的人却很少，这是什么原因呢？排除其他因素不说，单就理想而言，有的人好高骛远，不切实际；有的人目光短浅，只看到了眼前的利益；有的人畏首畏尾，中途退却；有的人满腔壮志，却从不付诸行动；有的人贪得无厌，作茧自缚；有的人德才兼备，但南辕北辙……而只有那些将理想与现实很好地结合起来，一切从实际出发，一切从所处的环境出发，一切从自身的能力出发的人，最终才能走向成功。

第五辑

别急于求成，
做事前先把握好自己

本辑编者　沈岳明

"金无足赤，人无完人"，一个人只有真正了解自己的优点和长处，

认识自己的缺点和不足，才能准确给自己定位，

扬长避短，完善自我，真正实现自己的价值。

认清自己，看懂他人

　　跟许多大学生一样，美国青年乔·麦库姆斯大学毕业后，也同样面临找工作的问题。大学刚毕业，乔·麦库姆斯便跟几位同学一起，加入了找工作大军的行列。

　　第一家公司的人事主管在看了乔·麦库姆斯的简历，并与他进行了简短交流后，便许诺给他月薪 2000 美元。这在 30 年前的美国，可是一般白领想也不敢想的高薪。但乔·麦库姆斯却毫不犹豫地拒绝了。

　　同伴都不解，对于一个没有任何职场经验、刚毕业的大学生来说，能拿到这么高的薪水，还有什么不满足的呢？乔·麦库姆斯说："正因为我是一个刚毕业的大学生，没有任何职场经验，所以我不能拿这么高的薪水。出现这种情况只有两种原因，一种是我的简历有问题，我欺骗他们说，自己是高级工程师。第二种是他们是骗子公司。现在我明确地知道，自己没有欺骗他们，所以我确定，他们是一个骗子公司。"

　　不久，乔·麦库姆斯便从报纸上得知，那确实是一家骗子公司。那家公司之所以给那些刚毕业的大学生开出高薪，正是看出了他们没有任何职场经验，他们幼稚地成了公司的帮凶，公司事发，他们也自然受到了牵连。

后来，有同伴问乔·麦库姆斯是怎么知道那是一家骗子公司的。乔·麦库姆斯说："事实上，我也不清楚他们就是骗子公司，我只不过是认清了自己而已。"

还有一家公司，一个经理人将乔·麦库姆斯拉到一边，小声说："只要你给我 5 万美元，我保你一年之内坐上主管的位置。那是一家著名的大公司，能够在那里当一名职员，已经是非常荣幸的事了，何况是当主管？"

但乔·麦库姆斯再次拒绝了。后来，乔·麦库姆斯居然在一家小公司当了名勤杂工。不少人不理解，这么好的机会不抓住，偏偏要去一家小公司当勤杂工。但乔·麦库姆斯却丝毫不觉得惋惜。果然，不久后，那个经理人被开除并收监，一起被开除收监的，还有那些贿赂经理人的人。

又有人不解地问乔·麦库姆斯，究竟是怎么知道那又是一个陷阱，并且成功地逃过这个劫难的？乔·麦库姆斯说："我也不知道那是一个陷阱，我只不过是看懂了那个人不是好人而已。"正是因为乔·麦库姆斯始终能够认清自己、看懂他人，所以后来他的事业一步一个脚印，并最终上榜美国富豪榜前 400 名。

认清自己，看懂他人，说起来容易，做起来难。如果身处局外，人们很容易便能分辨出来，可是一旦身临其境，特别是面对诱惑时，很多人都无法做到不高估自己，不被他人戴的金面具所迷惑。

找到你的隐形翅膀

汉斯·泰勒极不满意自己的形象。他的母亲在怀着他的时候，因误食了药物，使汉斯·泰勒一出生便是畸形。不但矮小，而且驼背、豁嘴、短臂短腿，再配上一对天生的招风长耳，那模样光用难看来形容恐怕还不全面，更确切地说是滑稽。因为只要是第一次见到汉斯·泰勒的人，无不笑得岔了气。

为此，汉斯·泰勒很是自卑，他恨父母给了他难看的容貌，更恨那些取笑他这副长相的人们。他没有朋友，也没有哪个女孩愿意跟他交往，年过三十，汉斯·泰勒还沉醉在酒精里，自暴自弃地度日。汉斯·泰勒曾经两次自杀未遂。一次是他准备开煤气自杀，另一次是在大冬天跳进了屋前的河水里，都被他的母亲及时叫人将他救起。他对父母说，他这辈子是没希望了，他的父亲见他这样，除了唉声叹气也毫无办法。

只有他的母亲坚信，他不是一个废人。母亲说："他跟别人一样，也有一双会飞翔的翅膀，只是现在他的翅膀还没有足够丰满，没有足够的力量飞翔，我相信，总有一天他会飞起来的。"汉斯·泰勒的父亲说："你就别再自欺欺人了，别人家的孩子，像他这么大年龄有的都当上了公司总裁，就是再差的也成家立业、娶妻生子了。你看他，我们还能指望他什么呀？"

汉斯·泰勒也不相信母亲的话。他说："别人哪一个不是生得高大威武，我却还没有一个凳子高。别人都有一双长腿，一双长臂，而我却有一双长耳朵！"汉斯·泰勒气急了，还用刀砍自己的耳朵，他觉得那双长耳朵是父母给他的最大的耻辱。可是，母亲却说："孩子，你不懂，我敢肯定，你的那对长耳朵是上帝送给你腾飞的翅膀，只是上帝将它安错了地方而已，但它并不影响你飞翔！"母亲的话成了汉斯·泰勒最后的安慰。

有一天，当刚喝完酒的汉斯·泰勒又在街上闲逛时，突然遇到了一个人。一般认识他的人都已经习惯了他的模样，所以表现得很平静，而那个人是第一次看到他，所以当时便忍不住捧腹大笑起来。汉斯·泰勒勃然大怒，他最见不得人如此笑话他，所以冲上去要跟那人拼命。由于长得矮小，而那人却生得高大，他只得跳起来用巴掌去打那人的脸。汉斯·泰勒滑稽的模样让那人笑得更加厉害了。

最后，那人的同伴跟汉斯·泰勒说明了真相。原来那人竟然是大名鼎鼎的导演威尔逊，他正在拍摄的一部影片里，刚好需要一个像汉斯·泰勒这样的喜剧角色。汉斯·泰勒的形象和他刚才的表演令威尔逊大为赞赏。当威尔逊说要请汉斯·泰勒去当演员时，他不敢相信地问："这是真的吗？像我这样一个丑陋无比的人，怎么能上荧屏当演员呢，你没有搞错吧？"

　　汉斯·泰勒果然不负威尔逊的厚望，以他滑稽的表演赢得了观众的掌声，一夜之间便闻名天下。特别是他的那对长耳朵，很多小孩子只要一见到他抖动耳朵，便兴奋得大声尖叫，还故意将自己的耳朵拉长，学着汉斯·泰勒的模样跟同伴逗乐。汉斯·泰勒成了孩子们的偶像，而他的那对长耳朵还真的像一对会飞的翅膀一样，将他带进了一个光明的世界。

　　当汉斯·泰勒将父母接到一栋大别墅里跟自己一起居住的时候，汉斯·泰勒问母亲："您当年怎么知道，我的长耳朵是上帝送给我的会飞翔的翅膀呢？"母亲笑着说："其实我们每个人都会得到上帝赠送的翅膀，那就是对生活的热爱和追求成功的信念。"

成功的两种方法

生于 1831 年的英国物理学家麦克斯韦，少年时的梦想是当作家。虽然他的智力发育格外早，15 岁时便考上了爱丁堡皇家学院，但他在写作上却总是不得要领。

最终，麦克斯韦决定修改自己的梦想，他要放弃写作，转攻物理学。对于麦克斯韦来说，物理学可比写作容易多了，由于在物理学方面的成绩突出，他很快便被剑桥大学聘为教授。最后，麦克斯韦成了与牛顿齐名的物理学家。在科学史上，人们称牛顿把天上和地上的运动规律统一起来，实现了第一次大综合；而麦克斯韦则是把电、光统一起来，实现了第二次大综合。

麦克斯韦在 1873 年出版的《论电和磁》，也被尊为继牛顿《自然哲学的数学原理》之后的一部最重要的物理学经典。也就是说，麦克斯韦是在修改梦想之后才取得成功的。

与麦克斯韦同时代、生于 1835 年的美国作家马克·吐温，少年时的梦想也是当作家。由于家境贫寒，16 岁那年，马克·吐温便当上了工人。也正是从那时起，他开始了写作。可是，虽然他的经历坎坷，所遭遇的社会也相当复杂，并不缺少写作素材，但因为他的文化水平低，所以总是写不出像样的作品来。为此，马克·吐温苦恼不已。

马克·吐温觉得，一定得给自己找个出路，要么便下苦功学习写作知识与技巧，要么便去学点别的东西来养活自己，并从此不再写作。经过长时间的思考，马克·吐温决定下苦功，以增加自己的写作能力。

经过一番苦练，马克·吐温终于写出了《卡拉韦拉斯县驰名的跳蛙》《艰苦岁月》《哈克贝利·费恩历险记》等作品，特别是《给在黑暗中的人》《沙皇的独白》《百万英镑》等作品更是让他一举成名，并被评为19世纪后期美国现实主义文学的杰出代表。可以这么说，马克·吐温之所以能取得如此辉煌的成绩，完全是因为他努力增强了自己能力的结果。

有句格言是这样说的：要么修改你的梦想，要么增强你的能力。麦克斯韦因为理智地修改了自己的梦想，最终取得了成功；马克·吐温因为坚持梦想，并努力增强了自己的能力，取得了成功。跟两位大师处在同时代的很多成功者，都是以这两种方法成功的。但是更多的默默无闻者，因为不肯修改梦想，或者下不了增强自己能力的决心，而与成功失之交臂。

一个超级大笨蛋的超级梦想

　　他是一个穷人家的孩子。俗话说，穷人的孩子早当家，应该是很懂事的。可是，他却很不懂事。念小学时，他便有一个"超级大笨蛋"的外号。老师常这样向他的父亲报告："这个孩子不适合接受教育，他有妄想症，整天都心不在焉。上课时，眼睛老是盯着外面的小鸟发呆，叫他去洗窗户，他把窗玻璃打破了；罚他扫地，教室墙壁被他撞掉一大片水泥块。"

　　父亲无奈，只得让他辍学后去当报童，可是每次送完报，他的袋子里总会剩下四五份报纸，不知道又忘了哪几家没送。叫他去砍点柴，他竟然把邻居的木头篱笆也给砍掉了。叫他去挤牛奶，他不但没挤到奶，还将乳牛当马来骑，差一点把乳牛给吓死。

　　父亲问他，你究竟会干什么？他说他想当大象，想当比大象力气还大的大力士。父亲摇了摇头，叹息道："这孩子真是没得救了！"如果将他送到精神病医院，又没有足够的医药费。于是，只得由着他，不再管他。没人管的日子里，他高兴坏了，天天去野外跟那些动物玩。只是他从来没有忘记过自己的梦想，他总是找机会跟动物们比力气，他发现只有大象的力气最大。慢慢地，他还发现蚂蚁的力气也不小，它能扛起超过自己体重很多倍的东西。

突然有一天，一家机械厂来他的家乡招工。因为那是苦力工，很多人都不愿意去，他只问了一句："机械的力气有大象大吗？"负责招工的人说："机械的力气可比大象大多了。"于是他毫不犹豫地报了名，成了一名机械厂的工人。

在工厂，他才知道，什么才是真正的大力士。就这样，他着魔似的迷上机械。可是很快他又不满足了，他觉得自己想要的大力士应该比这些机械的力气还要大。他梦想中的大力士在瞬间就能够将一座山头铲平。就连那些机械厂的专家们也觉得他这是痴人说梦。只有他固执地相信，这个大力士肯定会出现的，只是他暂时还不想出来跟他见面而已。

1917 年，这个大力士终于出现了，那就是世界上第一台最完整的推土机。那时他 29 岁，他观察蜘蛛的爬行，是那么稳当，他设计的推土机便能在斜坡上推、挖土而不掉下来。由他设计的那只机械臂就是根据大象的体型得到的灵感，那个起重臂像极了大象的鼻子。他还大胆地选用橡胶做轮子，取代了原来的铁轮子。他就是雷多诺——享誉世界的推土机大王。

二战期间，道格拉斯 A-26 型轰炸机在航空母舰的甲板上怒吼，领航员焦急地询问指挥官："轰炸任务完成以后，在法国的降落地点真的有一个机场吗？"将军史巴兹肯定地答道："有的，那里有一个机场在等着你们。""但是在地图上那是一片森林啊！"领航员不解地问道。史巴兹的回答成为二次大战的一句经典名言："雷多诺的推土机能够在一夜之间，将森林扫成飞机场，雷多诺推土机的前进速度快到连我们军队都赶不上了。"

一部雷多诺推土机相当于 1000 个工兵拿圆锹挖土的工作量。二次大战期间，有多少部雷多诺推土机在替盟军开路呢？有近 3 万部，包括替中国军队筑出有名的滇缅公路与雷多公路。这种快速的机动性，成为盟军战胜德国、日本军队的关键之一。

雷多诺设计、建造的推土机，一直是世界公认的用来建设重大工程的最佳机器。像美国的胡佛水库、穿过巴西亚马孙森林的高速公路、巴拿马的运河、北海钻油平台的搬运、北非丛林的木头运送、南极的冰雪火车等，都使用了雷多诺推土机。他建造的每一部机器一上市，立刻成为美国通用、日本三菱等公司效法模仿的对象，被专家认为是二十世纪起重机械的权威。

曾经被认为患有妄想症的人，就这样成就了一番伟大的事业。人生就是这么奇怪，尽管人人都有梦想，但一些伟大的梦想总是不被人们所认可，也正是因为其伟大，所以一般人无法想象。此时，如果你不能坚持自己的梦想，人们便会说那是妄想，如果你坚持下去了，那么就一定会成为现实！

生产真诚的机器

20 世纪 70 年代，在美国芝加哥有两位热血青年，一位叫福特，一位叫罗斯。他们听说位于落基山脉附近的比灵斯正在大举开发，就想去那里办工厂。福特和罗斯的父亲都是鞋业经营者，于是他们也想办鞋厂。他们的父亲都很赞赏儿子的想法，这样既可以锻炼经商和管理能力，又开发了新的市场。福特和罗斯向各自的父亲借了 1 万美元，便一起出发了。

福特想，他必须比罗斯先到达比灵斯，只有抢占了好的地段才有胜利的把握，于是他退掉火车票，改乘了飞机。罗斯也将火车票退掉了，却没打算坐飞机，他改乘了汽车。

福特很快在比灵斯繁华地段租好了厂房，并招了不少工人。可罗斯还未到达目的地，因为他此时还坐在汽车里与人们聊天，看人们脚上都穿着怎样款式的鞋子，问人们最喜欢穿怎样的鞋子。他坐客车辗转了半个月才到达比灵斯，然后，他在一个比较偏僻的郊区租了厂房。

后来，福特生产的鞋子没人要，而罗斯生产的鞋子却卖得很火。福特便花高价雇人去偷窃罗斯的秘方，发现罗斯做的鞋子跟当地人穿的是一种款式。福特很快大量生产出了和罗斯相同的鞋子，并且也同样得到了当地人的认可。可突然一股强烈的金融风暴席卷了整个美国，福特和罗斯的工厂都受到了影响。福特支撑不住了，只得又向父亲借了1万美元，可是过了不久，他还是感到很吃力，仓库里的货越积越多。福特只得一边低价处理积压品，一边疯狂裁员，许多员工被借故炒掉，薪金也被无故克扣，弄得员工们怨声四起。

此时，罗斯的工厂也受到了前所未有的挑战。罗斯将所有工人都聚在广场上，开始了他的演讲："我亲爱的姐妹们、兄弟们，现在公司面临着倒闭的危险，如果大家愿意与我一起坚守，那么就暂时不领薪金，只领取少量生活费，只要公司渡过了难关，我保证双倍奉还。如果有不信任公司或者另有好去处的，我也当你是朋友，那么你马上就可以领完这个月的薪金，等公司发展壮大后再回来……"

员工们在静默了半分钟后纷纷决定留下来，并且还为公司捐出了好几千美元，罗斯为此流下了感动的泪水。他坚信只要公司不倒，撑过了这段日子，肯定会有好转的，他不但与员工们同吃同住，还不断给员工们以精神上的鼓励。最终他带领员工们咬牙熬过了那段艰难的日子。当金融风暴过后，经济果然复苏了。福特因实在撑不下去而打道回府了，而罗斯却赚了个盆满钵盈。福特以前的员工们也纷纷投靠了罗斯，他没有食言，所有员工们的福利都随着公司的效益而有所提高。罗斯还表示，如果公司盈利上升，员工们的福利也将继续上升。

选择了逃离的福特得知罗斯成功的消息后，心里很不是滋味，这次他没有请人来偷艺，而是决定亲自来罗斯的工厂看看。令他不解的是，罗斯的厂房并不漂亮，员工的素质也并不高，更令他不解的是，罗斯开给他们的薪金还没有他当初给的高。"那么，"福特很不理解地问，"你究竟是怎样成功的呢？"罗斯平静地答道："因为我投资的并不是金钱，而是真诚，我真诚地给了员工们一个家的归宿感，员工们回报我的也是一样，他们手里的机器生产的不是鞋子，而是真诚！"

一个优秀的管理者应该具有人性化的管理，为员工提供或创造愉悦的工作环境，让员工对企业有归属感，使员工深切感受到企业与自己息息相关，自然也就会对企业做出尽可能多的贡献。

合理的命令

因为有人提问查尔斯是如何当好总裁的，所以科氏公司总裁查尔斯在一次新闻发布会上，讲了这么一个故事。那时，他还刚刚从父亲手里接管公司，几乎什么都不懂的他，完全依靠患病的父亲在背后对自己的支持。

一天，见查尔斯神色忧郁，父亲便关心地询问是怎么回事。查尔斯便问父亲，怎样才是一个好的领导，一个领导应该怎样做，员工才会听从他的命令。父亲告诉他，一个关心爱护员工的领导，才是一个好的领导，也只有这样，员工才会听从他的命令。

可是，不久之后，查尔斯又垂头丧气地回来了。父亲不解地询问原因。查尔斯哭丧着脸，说："爸爸，难道我对他们好也错了吗？我给他们加薪，有病的安排他们去医治，生活上总是给予无微不至的关怀，他们为什么还是不听从我的命令呢？"

父亲想了想，又问："你有没有给予他们对未来的希望？"查尔斯毫不犹豫地说："给了，我跟他们说，只要干好了，公司赢利了，将会按照每个人所付出的力量和智慧给予分红，或者入股。"父亲也陷入了沉思，像是自言自语，又像是对查尔斯说："这就奇怪了，员工们在我领导时，个个都是服从命令的呀。"

稍后，父亲再问查尔斯："你确认你给员工们下的命令都合理吗？"查尔斯愣住了，说："我是领导，公司里的最高指挥官，我只要下命令，员工们就得无条件地去执行。命令就是命令，还管它合不合理？"

查尔斯的父亲终于松了一口气，说："问题就出在这里了，在公司里，你的地位最高，权力最大，所有员工都得听你的，这没错。但并不等于你可以任意地向他们下达不合理的命令，要想别人永远听从你的命令，就只能下达合理的命令！"

最后，查尔斯说："命令不合情理，哪怕你的权力再大，别人也是可以不服从的。我之所以能将公司做到福布斯榜的前几名，并且在公司里受到所有人的拥戴，主要是因为我总是向员工们下达合理的命令。"

领导向员工下达合理的命令，才会受到员工的拥戴。下达合理的命令，努力地在员工之间创造自愿合作、理解和尊重的氛围，这样的领导还会害怕不成功吗？

了解自己才能做好工作

有一家新建的酒店招来一批应届毕业生。可是，怎样才能将这些毕业生安排到适合他们的岗位呢？如果按照常规一个个进行选拔，显然需要很多时间和精力。而且一旦选错了人，将一个不适合这个岗位的人放在了这个位置，那影响的不仅仅是个人的前途，还关乎整个酒店的命运。

就在老板犯难的时候，一个年轻人敲开了老板的房门："虽然我们对这些新招来的人不了解，但他们对自己都非常了解。与其一个个地进行选拔，不如将所有职位列在一张纸上，让他们来挑选适合自己的工作岗位。"

酒店老板眼前一亮，这确实是个好办法。于是按照年轻人说的去做，多数人找到了自己喜欢的岗位。然后，老板再针对每个不同的岗位，有重点地进行培训。而对于少数无法确定自己岗位的人，便安排他们干些杂活，很快酒店便顺利开业了。

这时，酒店老板才想起那个年轻人来。他问："年轻人，你叫什么名字，又是干什么工作的？"年轻人回答："老板，我叫布里奇，以前跟那些人一样，也是从各地招来的应届毕业生，不过现在我的身份变了，我已经是您的人事主管了！”酒店老板听了哈哈大笑说：“是的，你确实是我的人事主管，在我还没有任命你的时候，你就已经开始为我工作了，好样的！”

这家酒店的老板叫希尔顿，酒店的名字叫希尔顿大酒店。从1919年在美国创立至今，已从一家酒店扩展到了100多家，遍布世界五大洲的各大城市，成为全球最大规模的饭店之一。

而在此后的每一家新开张的酒店，希尔顿都是以这种方式来进行人事安排的。希尔顿大酒店的理念是：只有自己最了解自己，也只有能够充分地了解自己的人，才能干好本职工作！而一个连自己都懒得去了解的人，是永远也干不好工作的！希尔顿每年都要将这个建议贴出来，并告诉那些需要找工作的年轻人：要想找到一份理想的工作，首先得干好了解自己这份工作！

成就首富的农夫

印度首富米塔尔，在他还是一个普通打工者的时候，曾经碰到过一位农夫，也正是那位农夫，影响了米塔尔的一生。

米塔尔那时刚刚失业，也许是因为太年轻，不懂得处理工作中的人际关系，也许是因为工作经验不足，技术过不了关。总之，他虽然在许多地方工作过，但总是遭到无情的辞退。

当又一次失业后，无限沮丧的米塔尔一个人来到了乡下，与其说他是想在山野之间呼吸一口清新的空气，还不如说他是想在这里找到一份暂时的宁静。

正在望着田野发呆的米塔尔，突然发现一个正在耕地的农夫停在那里不动了。好奇心驱使米塔尔走了过去。米塔尔问农夫："怎么啦，有什么需要我帮助的吗？"农夫望了望米塔尔，说："年轻人，我还真的是遇到了难事，如果你想帮助我的话，那就替我看管一下牛吧。"

米塔尔问："怎么啦，你不想继续耕地了，那你现在要去哪里呢？"农夫说："我的犁上有一根铁栓断了，没办法继续耕地了，我得去铁匠铺打根铁栓回来。"

米塔尔问："什么是铁栓？"农夫说："看，就是这个小玩意儿。"米塔尔看到农夫的手里正拿着一根小小的铁钉，说："这么个小玩意儿，值得跑一趟铁匠铺吗？"农夫说："确实不值得，但没有它又不行。"米塔尔不想替他看牛，便说："能不能用别的什么来替代一下那根铁栓呢？"农夫说："办法倒是有，比如说，用根树枝也行，但谁也无法保证它能用多久。"

最后，米塔尔还是答应了农夫请他看牛的请求。两个小时后，农夫才满头大汗地赶来了，同时他的手里拿着一根崭新的铁栓。由于有了那根新铁栓，那片地在太阳还没有完全下山之前便耕完了。望着那片新耕的地，农夫笑着说："如果我们没有这根铁栓，而是用根树枝或者其他什么东西替代它，就是忙到天黑，这片地也是耕不完的。"为了感谢米塔尔替他看牛，农夫邀请米塔尔去他家共进晚餐并留宿。

那晚，米塔尔躺在简陋的农舍里，怎么也睡不着。不是因为他嫌弃农舍的简陋，也不是因为感动于农夫的热情，而是感动于农夫对工作的那种热情与积极的态度。与农夫对比，他才发现了自己的缺陷。农夫拥有的，正是他所缺少的。而现在，他觉得他已经找到了自己所缺少的东西。

第二天天还没亮，他便起床了，他没有吵醒熟睡的农夫，未向农夫告别，就一个人回城了。在以后的日子里，他一直都是以农夫为榜样来对待工作的。终于，他将自己的事业越做越大，并成了印度首富。

成功后的米塔尔说："其实成功并不难，只要你用全部的爱和满腔的热情，去拥抱一件微不足道的小事，这样长久地坚持下去，你就会拥有巨大的成功。"

谁也想不到，米塔尔的这个成功秘诀竟然来自一个农夫。

不能容忍的缺陷

很久以前，不管是汽车、自行车还是摩托车，所用的轮胎都是实心橡胶制成的。这种实心轮胎虽然耐磨，却不耐颠簸，车稍开快点，车上的人就颠得受不了。

1888 年，一个名叫邓洛普的爱尔兰人，用一根通过活门充气的管子，在外面涂上橡胶保护层做了一个气胎。这种气胎缠在车轮上后，车子颠簸得便没那么厉害了。只是如果内管出现刺孔需要修补时，得先用苯把涂上去的橡胶保护层泡下来，待修好刺孔后，再涂上橡胶层。这个修补的过程确实很费事，很多人觉得与其这么费事地去修补刺孔，还不如用实心轮胎方便。于是，都不理会邓洛普的发明，甚至还嘲笑他吃饱了没事干，发明些毫无用处的东西。

邓洛普不甘心，决定让儿子骑上装有这种气胎的自行车去参加比赛，他要让人们见识一下这种气胎的作用。果然，邓洛普的儿子获得了第一名的好成绩。因为装有气胎的自行车不但省去了颠簸的烦恼，速度也比装上实心轮胎的自行车快了好几倍。

邓洛普的气胎终于受到了人们的重视，很多厂家开始找邓洛普下订单。于是，世界上第一家轮胎制造厂建立起来了。在建厂前，两个来自法国的年轻人安德鲁·米其林和爱德华·米其林两兄弟找到了邓洛普，希望邓洛普支持他们兄弟俩，在邓洛普的基础上完善气胎的研制工作。

米其林兄弟的意见跟其他人一样，主要还是修补刺孔的问题。并表示，一旦解决了这个问题，这种新型轮胎会更受欢迎，邓洛普作为气胎的最先发明者，也能得到更多的股份。邓洛普问米其林兄弟，大约需要多少时间来完善这种轮胎。米其林兄弟说，4年之内一定能研制出来。接着又说："如果我们合作的话，也许2年就研制成功了。"邓洛普听了哈哈大笑，说："在这4年时间里，我完全能成为千万富翁，现在我马上就要成功了，你们觉得我还有必要跟你们一起浪费我宝贵的两年时间吗？"

米其林兄弟忠告说："也许您能在这4年内成为千万富翁，您发明的这种轮胎也只能为您工作4年时间，它的这个致命的缺陷，不可能为您带来更多的利润。4年后，您一定会想起我们今天的话，容忍自己缺陷的人，也一定会败于自己的缺陷！"最后，米其林兄弟无奈地叹着气走了，邓洛普的轮胎制造厂很快就建起来了，他生产的轮胎也迅速占领了市场。

4年后的一天，当邓洛普手捧大量退单，望着厂内堆积如山的轮胎时，才突然想起米其林兄弟来。原来，米其林兄弟的新型轮胎已经投产了。米其林兄弟的新型轮胎不但可以充气，还能拆卸，原来只有专门修理工才能处理的刺孔和爆破事故，现在一般人只需一刻钟便能轻松处理。米其林兄弟的轮胎迅速普及到全世界，而邓洛普的轮胎则退出了人们的视野。

一盏油灯结出的果子

　　乔利·贝朗出生于巴黎一个贫民家庭。13岁他便独自外出打工，由于年纪小，没有哪个工厂肯聘用他。四处流浪了两年后，他找到一个贵族家庭，苦苦哀求那家贵夫人，最终他在厨房里当了一名小杂工。乔利·贝朗每天的工作是杀鸡、杀鱼、拖地、扫厕所，几乎包揽了全部脏活累活。他一天最少要干12个小时的活，而所得的工资连一只鸡都买不到，但乔利·贝朗仍然感到非常满足。他总是省吃俭用地将辛苦赚来的钱攒起来，养活那个贫困的家。

　　可就是这样紧巴巴的日子也不长久。一天半夜，正当乔利·贝朗因过度劳累而沉沉地睡去时，他被一阵急促的敲门声惊醒了。原来贵夫人第二天一早要去赴一个约会，要求乔利·贝朗立即将她的衣服熨一下。乔利·贝朗强睁开眼睛，毫无怨言地开始了劳动。因为实在太困了，一不小心，他将煤油灯给打翻了，灯里的煤油毫不留情地滴在了贵夫人的衣服上。

　　乔利·贝朗这一吓非同小可，瞌睡也全没了。要知道，他就算是白打一年工恐怕也买不来那件昂贵的衣服。可想而知，贵夫人没有轻饶他，坚决要求乔利·贝朗赔偿她的衣服，赔不起就得给她白打一年工。

乔利·贝朗沮丧极了。当他答应给贵夫人白打一年工后，他也得到了那件衣服。其实那件衣服只是弄脏了一点而已，如果将它送给自己的母亲穿，她一定会很高兴的，他的母亲可从来没穿过这么好的衣服，但他不敢将这件事情告诉妈妈，那样她会很伤心的。于是，乔利·贝朗整天将那件衣服挂在自己的床前以警示自己别再犯错。

一天，他突然发现，那件衣服被煤油浸过的地方不但不脏，反而还将其他脏物清除了。这个意外的发现令乔利·贝朗兴奋得夜不能寐。经过反复试验，乔利·贝朗又在煤油里加了些其他化学原料，终于研制出了干洗剂。

一年后他离开贵夫人家自己开了一家干洗店，世界上的第一家干洗店就这样诞生了。从此乔利·贝朗的生意一发而不可收，几年间他便成了让全世界瞩目的干洗大王。如今，干洗店遍布世界的每一个角落，人们在享受他发明的干洗剂的同时，也记住了他的名字——乔利·贝朗。

在我们的人生中时刻潜藏着危险，就像那一盏打翻的油灯，在本已十分痛苦的生活中再加一些苦痛，犹如雪上加霜，令人沮丧。但命运之神在给你苦痛的同时，也会给你提供机会，如果此时能够身处逆境正视苦痛，并想法从苦痛中提炼机遇，那么苦痛的花就能结出甜蜜的果。

化解千年矛盾的方法

　　13 世纪，马可·波罗在去亚洲旅行时，曾途经一个名叫塞浦路斯的岛国。那里是欧洲、非洲与亚洲交界的一个地方，由于无人管理，所以自成一国。

　　岛上又分为希族和土族两个部落，两个部落虽然同处一岛，但从不往来，只是每年的秋天，都会发生一场声势浩大的械斗，械斗的目的是为了争夺岛上一处最大的坚果林。由于秋天是坚果成熟的季节，而两个部落又都是以坚果为生，所以械斗便不可避免地发生了。

　　马可·波罗便亲眼见识了一场械斗。由于两个部落互不相让，流血、伤亡事件也在不断发生，最后，以将坚果抢光为止。从双方聚集坚果林，到双方各自抬着抢得的坚果与伤员回到各自的部落，没有一个人开口说话。

　　马可·波罗觉得非常奇怪。于是，便对两个部落进行走访，试图让他们和平相处，不要再发生械斗事件了。在走访之后，马可·波罗惊奇地发现，希族将坚果里的果肉取出之后，便将果仁弃之，因为他们只吃果肉，而土族则将坚果的果肉弃之，只取果仁来吃。

　　这时，马可·波罗终于想到了一个让他们和解的办法。于是，马可·波罗将自己想让两个部落和平相处的想法告诉了两个部落的首领，以及两个部落的主要领导。谁知，他们听了马可·波罗的话，都直摇头，纷纷表示那是不可能的，因为两个部落的矛盾已经有上千年的历史了，根本无法化解。

马可·波罗知道自己光用口说他们是不会相信的，于是，他决定亲自动手。马可·波罗将希族丢弃的果仁捡起来，送到了土族，说是希族送的。又将土族丢弃的果肉送到了希族，说是土族送来的。

两个部落都觉得奇怪，一向"蛮不讲理"的敌人，怎么突然对自己好了起来呢？马可·波罗趁机跟他们商量，能不能在以后坚果成熟的季节，希族专取果肉，土族专取果仁？两个部落一听，都觉得这个主意不错，于是欣然同意。这起纠结了千年的矛盾，就这样被马可·波罗轻易地化解了。

世界上很多看似根深蒂固的矛盾，其实都是可以化解的，需要的不是强大的武力，仅仅是与对方真诚的沟通和耐心的了解。

每种树木都是有用之材

　　1847 年 4 月 10 日，约瑟夫出生在匈牙利一个叫马口的小镇，由于战乱，17 岁便独自流浪到了美国。战后的纽约，失业率一再攀升。如果有一个工作机会，就会有几百人前往应聘。约瑟夫英文不行，又没什么专长，更重要的是，他不但身体瘦弱，而且脾气很差，每到一个地方都要跟同事甚至上司发生争执。所以，每次约瑟夫都将辛苦得来的工作轻松地就给弄丢了。

　　约瑟夫不知道，其实他患上了一种病，那种病被医学上称为"挑剔症"。患上挑剔症的人，见不得任何不合理的事情，哪怕那是一件很小的事情，不然，就会跟人争执。约瑟夫就是因为患上了这种病，才被人称为"挑刺专家"而遭人排挤的。

　　约瑟夫曾先后做过骡夫、水手、建筑工人、码头苦力、餐厅跑堂和马车夫，可是都因为喜欢挑剔别人的错误，特别是对资本家那些不合理的规定的挑剔，失去了这些工作的机会。由于生活越来越困难，约瑟夫的自信也被消磨得一干二净。就在他走投无路的时候，他遇到了一个木业老板。那时，因为找不到一个更好的自杀方式，约瑟夫决定潜入木业厂用电锯来了断自己的生命。

　　于是约瑟夫与木业老板有了这样的对话。约瑟夫问："难道像我这样一个遭人厌恶、被人抛弃的人，活在世上还有什么用吗？"木业老板指着一堆木料说："人就像这些木料一样，有质地结实的，也有疏松的；有圆直的，也有弯曲的……难道你能说哪种有用，哪种没用吗？"约瑟夫捡起一截最弯曲的木头，说："依我看这根木头就没有用！"木业老板说："那要看你用在什么地方，如果用来做门框当然不行，但如果要做耕地的犁，可就是最好的材料了！"约瑟夫不服气，故意拣了个废弃的像个刺猬似的大树根，说："这个总是没用的东西了吧！"木业老板说："那个对于我们木业厂来说，确实没有用了，可是你不知道，有一位根雕艺术家已经出了一车木头的价钱将它买走了！"

　　最后，木业老板说："每一种树木都是有用之材，但前提是，一定要用对地方。这个世界上，每一个人就是一种树木，你也一样，找不到工作，不是你没用，而是还没有找到一份真正适合你的工作！"听了木业老板的话，约瑟夫又找回了自信。于是，白天他继续外出找工作，晚上则帮木业老板扛木头来赚取自己的一日三餐及住宿的费用。

　　如果想找到一份较好的工作，就必须学好英语，于是约瑟夫经常跑图书馆。有一次，在图书馆，约瑟夫看到两个人在下棋，一时老毛病又犯了。约瑟夫见其中一个人举棋不定，于是多嘴说："别走那一步！"两个人都惊讶得张大了嘴巴望着约瑟夫。其中一个说："老兄，如果您走那一步，您就输定了。"约瑟夫又站到另一方，拿起棋子走了几步说："先生，如果您这么对付他，还是会赢的。"两个人看看约瑟夫，又看看棋盘，似乎让这个陌生的年轻人敢于挑错的精神给镇住了。

正当约瑟夫想离开时，其中一位叫住了他，说："年轻人，我想跟你认识一下，也顺便介绍我的一位好朋友给你，这是艾米尔先生，我叫苏兹。"在圣路易斯，没人不认识艾米尔和苏兹，他们共同拥有一家圣路易斯《西方邮报》。

就这样，约瑟夫当上了一名记者。由于约瑟夫敢于向任何权威挑战，他写的报道得到了普通民众的拥护，使报纸的发行量节节攀升，报社不但获得了很好的经济效益，而且在公众中的影响力也越来越大。约瑟夫很快被破格提拔为新闻部主编。

1883 年 5 月 11 日，约瑟夫创办的第一份《世界报》印出来了，它每星期都发表由约瑟夫亲手写的社论。社论说出了劳动者的心声，对纽约的富人显贵发出猛烈的抨击，很快就赢得了读者，使《世界报》在短时期内获得了巨大的成功。他就是约瑟夫·普利策，一个誉满全球的报业大王。他还创办了美国第一所新闻学院——名扬世界的哥伦比亚新闻学院。现在，以他的名字命名的普利策新闻奖成了美国最高新闻奖，备受世人瞩目。

　　在创办新闻学院的时候，约瑟夫·普利策跟学子们讲了这么一句话，那就是当年那位木业老板曾跟他讲过的话："我们每一个人就是一种树木，每一种树木都是有用之材，但前提是，一定要用对地方！"

第六辑

从容淡定者，
更易得成功

本辑编者　周礼

有阳光时，我们不骄不矜，积极主动地抓住机遇，

尽情地展现自己的才华，朝着自己的目标奋力进发。

不因幸运而故步自封，止步不前；

没有阳光时，我们要学会忍耐，学会等待，沉得住气，受得起委屈，

宠辱不惊，去留无意，心胸豁达，心情平和淡然，

韬光养晦，冷静思考，为下次展翅高飞积蓄力量。

忙，并快乐着

在大家一片羡慕的目光中，同事张老师退休了。大家不禁感叹：我们何时才能盼到退休，每天只管睡觉、吃饭、晒太阳、下棋、打牌、享乐，那样的生活简直赛过神仙。

大家原以为张老师退休后一定会悠闲地打发后半生的生活，岂料只过了两个星期，张老师又站在了一所私立学校的讲台上，他不仅每天早出晚归，一丝不苟地批改学生作业，而且还利用假期的时间去老年大学学习画画。大家看见，张老师不但没有闲下来，而且比以前更忙了。同事们十分不解，张老师的儿女都已参加了工作，他们老两口又都有一份不菲的退休金，家里根本没有任何负担，干吗享不来福，还这么拼命地工作呢？

其实张老师的心情我最能体会。这些年，我除了上班，做家务，教育孩子，其余时间几乎全部用于看书和写作，即便是周末和寒暑假，仍然一天也不放松。同事约我打牌，我说没时间。朋友请我喝茶，我说我很忙。于是同事和朋友关心地对我说："你这么忙，难道不累吗？"我说，当然累，但我很快乐。很多人无法理解，认为我这是为追逐名利而找的借口。可事实上，我只是为了使自己的生活过得充实一点，快乐一点。

同事小王经常找我发牢骚，说假日里烦得不得了。究其原因，他业余无事可做，用他的话来说：打牌输了钱，心里难受。玩网络游戏，时间长了生厌。看电视，很少有喜欢的节目。找人聊天，每个人都貌似没有空。他觉得业余生活很没有乐趣，干什么事都没劲，还不如每天上班来得自在。

也许很多人都曾有过这样的体会：以前工作太忙，太累，总是抱怨，活得像个驴子似的，要是能整天游手好闲，无所事事该多好啊！可是，当有一天退了休，真正闲下来时，才惊奇地发现，原来不上班的日子并不是想象中那么美好。以前所渴慕的时间，现在却成了一种负担，不知该如何打发。这时，反而羡慕起那些朝出晚归，有事可忙的人。人一旦闲下来，无事可做，就会感到空虚无聊，郁闷烦躁，甚至闲出病来。这便是许多退了休的人为何退而不休的原因。

忙碌是一种充实，也是一种快乐。忙碌的日子，尽管偶尔会抱怨，但更多的是在忙碌中所收获的快乐。人生就是这样，越忙碌越充实，越充实越开心。正如作家路遥所说：劳动是辛苦的，但劳动又常常是快乐的。其实每个人都应该培养一个有益的爱好，诸如琴、棋、书、画……有了自己的爱好，每天的时间安排得满满的，自然就会少有烦恼了。

恬淡如荷

　　前几天去乡下采风时，正赶上荷花盛开。只见碧水中荷叶如扇，绿意盎然；绿伞丛中探出朵朵亭亭玉立的荷花，如无数双纤纤素手，也似一张张俏丽清润的笑脸，美玉天成。尽管没有"接天莲叶无穷碧，映日荷花别样红"的磅礴大气，但也清婉隽秀，逶迤连绵，蔚为壮观。

　　平生爱荷胜过其他任何名贵花草，这样的机会我岂能错过，于是在返城时，我特意带了几朵含苞待放的荷花回家怡养。到家时天色渐晚，我随便找了几个矿泉水瓶，往里面注入一些水，然后将带回的荷花插入其中。一切安排妥当，就躺在床上睡下了。

　　一觉醒来已是第二天早上，掀开窗帘，太阳高高地悬挂在东边的山峦，金色的阳光透过窗户洒落于屋中。我打了个呵欠，伸了伸懒腰，当我从睡房步入客厅时，立刻被那几朵盛开的荷花震撼了。一夜之间，它们全都怒放。在灿烂的阳光下，它们热情奔放，无拘无束，尽情地展露着自己娇美的身姿，那风情万种、春容含笑的样子惹人怜爱。我情不自禁地举起相机，从各个角度给它们拍照，把这短暂的美丽定格为永恒。一番沉醉感叹后，我不得不收起愉悦的心绪，匆匆忙忙地起身去单位上班。

中午有应酬我没时间回家，直到傍晚才从外面回来，刚进屋，就迫不及待地想欣赏一番那几朵荷花。当伫立于它们跟前时，我惊奇地发现，盛开的荷花不知什么时候竟然收起了美丽的花姿，展开的花瓣全部合拢，将中间的花蕊层层包裹着，几乎又回复到最初待放的样子。第二天、第三天亦是如此，有阳光时它们就绚丽地开放，没有阳光时它们就蓄势待发，等待下次花开。

荷花的这种特性，不禁让我想起了我们的人生。俗话说：花无常开，月无常圆。一个人在成长的过程中，总会经历阳光和阴雨，那么我们如何正确地面对和把握这两种截然不同的境遇呢？

或许我们可以学学荷花的处世之道。有阳光时，我们不骄不矜，积极主动地抓住机遇，尽情地展现自己的才华，朝着自己的目标奋力进发。不因幸运而故步自封，止步不前；没有阳光时，我们要学会忍耐，学会等待，沉得住气，受得起委屈，宠辱不惊，去留无意，心胸豁达，心情平和淡然，韬光养晦，冷静思考，为下次展翅高飞积蓄力量。

接受也是一种快乐

前不久，我带着女儿回乡探亲，在候车室里，我们焦急地等待着班车的到来。女儿的旁边是一对年轻的夫妇，男的全神贯注地望着一辆接一辆出站的客车，女的目不转睛地盯着女儿看。

也许是因为长时间等车太无聊，抑或是女儿的确可爱，讨人喜欢，旁边的女子亲热地用手摸着女儿红扑扑的小脸蛋，并笑着说："小妹妹，真可爱！今年几岁了？"女儿向来胆小惧生，一边躲一边向我求助："爸爸，爸爸……"我对女儿说："别怕，阿姨喜欢你。"逗玩了一会儿，那女子从兜里拿出一个阿尔卑斯棒棒糖递给女儿，并对女儿说叫阿姨。女儿迟迟不动，棒棒糖放在她手里也不要，我发现那女子的表情有些尴尬，慌忙替女儿接了过来，并向那女子示以感激的微笑。因为我的接受，女子脸上的尴尬荡然无存，取而代之的是满脸的欢笑和喜悦。因为女儿的可爱赢得了别人的喜欢与赞赏，我心里也十分高兴。

看着眼前这位笑容满面的女子，我不禁想起了发生在去年的一件事，也是在这个长途汽车站，也同样是等车。女儿饿了，我取出包里的零食给她吃，这时旁边一个小家伙睁着一对明亮可爱的大眼睛一动不动地盯着我装零食的袋子，眼神中充满了期待。于是，我顺手也给了他一包。小家伙正准备拿过去，突然旁边一只大手拦住了他。

我看到了一双怀疑警惕的眼睛，那是孩子的母亲，一个年轻漂亮的女子。只听她对孩子说：妈妈跟你讲了多少遍，不能要陌生人的东西。那孩子却并不听母亲的劝说，号啕大哭起来，孩子的母亲显然生气了，但还是压低声音说："东西里面放了药，不能吃，吃了会死的。你再不听话，妈妈就要打你了。"她的吓唬还是不管用，那小孩越哭越厉害，仍然吵着要。最后没办法，孩子的母亲狠狠地给了他一个耳光，强行把他拽走了。听着小孩渐渐远去的哭声，我心里很不是滋味。

经历了这两件事后，我突然发现接受也是一种快乐。一直以来我都认为给予永远比接受更伟大更快乐更幸福。现在我才明白接受并不比施与低贱，而恰恰是对别人馈赠的一种尊重和理解，肯定和信任。很多时候人们并不是不想给予，而是害怕遭到拒绝，而不敢轻易付出。

其实接受也是一种美德，也是一种快乐，给予者捧着一份真情而来，愉快地接受也会让给予者得到一种心灵上的愉悦和满足。而拒绝别人的善意，有时可能会伤害别人善良的心。所以对于别人善意的帮助，我们不妨欣然接受。

简单的快乐

那天，我从成都办事归来，坐在长途汽车上，车内十分安静。有的人在睡觉，有的人微闭双眼听着音乐，有的人斜视窗外，欣赏着路边的风景。也许面对陌生人大家都心存戒意，也不知从何说起，所以谁也不愿主动搭话，都沉默着，只听见汽车发出持续的轰轰声，让人感到烦闷之极。

车至一路口，不知从哪儿上来了一群农民工，每个人的身上都背着一个大背包，手里还提着不少的东西。他们皆衣着朴素，皮肤黝黑，双臂粗壮，手上长满了厚实的老茧，一看便知是从事重体力活的农民工。他们一上车，就肆无忌惮地说着，开怀地笑着，亲切的乡音、爽朗的欢笑溢满了全车，车内的气氛立刻活跃了起来，大家的目光也都齐聚于他们身上。

听他们言谈，知道他们原来是修建某大型水库的石匠，已经有半年没回家了。这几天适逢工地缺材料放假，他们就匆匆忙忙地赶回家，看看家中的老人和孩子，顺便帮着抢收成熟的稻谷。他们畅谈着自己的孩子，议论着今年庄稼的收成，不时发出一阵阵毫无掩饰的欢笑声，那单纯的欢笑完全发自心灵深处。他们明亮而璀璨的双眼充满了期待与希望。突然间我被他们的快乐感染了，完全忘怀了自己因事情没办成而带来的沮丧。

到了中午，汽车停靠在一家餐馆门前，大家纷纷下车吃饭。那几个农民工也下了车，但他们并没有跨进餐馆，而是从身边的口袋里掏出一瓶水，几个大饼，蹲在门口啃了起来。换了是我一定为此而感到无地自容，可是他们却毫不在意，旁若无人似的，大口大口地嚼着，他们的表情是那么的淡定从容。

我很奇怪，为什么一瓶矿泉水，两个大饼，一根劣质的香烟，他们就觉得那样的满足，那样的快乐。也许这正是源于一种简单的生活。

人有时就是这样，越是有了身份和地位，越是有了金钱与财富，就越是发现快乐难觅。究其原因，我们总是给自己定下一些遥不可及的目标，与身边的人盲目地攀比、追逐。而人的欲望往往难以满足，于是烦恼随之而来，整日牢骚满腹，抱怨声声。

越是简单的人活得越快乐，越充实，农民工不会刻意地去追慕世俗名利，不会好高骛远，不着边际，奢望生活过多的给予，也没有时间去多愁善感，抱憾生活。他们懂得知足常乐，脚踏实地，量力而为。

家有豪宅万千，夜寐仅需七尺，纵有良田千顷，日食不过三斗。我们又何必为这些东西而苦恼呢？一个人，如果肯将生活的眼光放低一些，也许就会坦然一些；如果知足一些，也许就会快乐一些；如果恬淡一些，也许就会幸福一些。

简单，本身就是一种快乐。

微笑的种子

　　那天，我下班回家，在路上遇到一个可爱的小女孩，她扬起长长的睫毛，微笑着喊我叔叔。孩子的眼睛清澈透明，纯洁真诚，看起来特别天真可爱。尽管我并不认识这个小女孩，但我还是被她灿烂的微笑感染了，情不自禁地也在自己脸上绽放出一朵花来，并亲切地对小女孩说，小朋友好！曾几何时，我也曾有着和小女孩那样天真烂漫的微笑，但随着年龄的渐长，生活的艰辛，我收敛起了自己的笑容，变得严肃、冷漠、一本正经。尤其是在我大学毕业之后，做了一名教师，为了维护自己的尊严，我一次又一次地强压着微笑，努力地绷紧松弛的面孔。我生怕嘴角一牵动，就影响了自己高高在上的形象和地位。于是，我更加吝惜自己的微笑，人前人后总是板着一副冷冰冰的面孔。

　　要不是遇到这个小女孩，我可能永远也无法体会到，原来微笑是如此的美丽，如此的温暖，如此的令人心醉。那一瞬间，我终于明白了，为什么《蒙娜丽莎》会价值连城，受到那么多人的推崇和喜爱；为什么"回眸一笑"会有那么大的魅力，能醉倒千千万万古往今来的文人骚客。原来答案皆在这笑里。

　　写到这儿，我不禁想起一个故事：曾经，有一个忧郁者向一个智者请教，如何才能变得快乐？智者说：请学会微笑吧，向所有的一切。

　　于是，忧郁者走了。他按照智者的指引，去寻找微笑，去付出微笑。半年后，一个快乐者来到智者的面前。他告诉智者，他就是半年前那个曾求教于智者的忧郁者。

　　曾经的忧郁者说："当我第一次试着把微笑送给那位我曾熟视无睹的送报者，他还我以同样真诚的微笑时，我发现天是那么蓝，树是那么绿，送报者离去时哼着的歌是那么动听；当我第二次把微笑送给那位不小心把菜汤洒在我身上的侍者时，我收获了他发自内心的感激，我似乎看见了人与人之间流动着的温情，这温情驱散了我内心聚积着的阴云。后来，我不再吝惜我的微笑，我把微笑送给街边孑然独行的老人，送给天真无邪的孩子，甚至送给那些曾经辱骂过我的人时，我发现，我其实收获了高于自己所付出几倍的东西。它让我更加自信、更加愉快，也更加愿意付出微笑。""你终于找到了微笑的理由。"智者说："假如你是一粒微笑的种子，那么，他人就是土地。当你把微笑的种子种下，你会得到意想不到的收获。"生活中，我又何尝不是寻找着快乐的忧郁者呢？我告诉自己，从现在开始，我要在自己的脸上开出一朵花，面向所有的一切。

另一只眼看幸福

　　周末去看望一位朋友，他是我中学时代的一位同学。不久前，与他相依为命的母亲逝世了，朋友很伤心，一下子憔悴了许多。朋友是一位很不幸的人，在他很小的时候，父亲就因一次意外去世了。这么多年，是母亲一个人将他抚养成人。眼见他事业有成，可以好好孝敬母亲了，可是母亲却在这个时候离他而去。在这个世界他再也没有一个亲人可以依赖，也再没有一个亲人可以侍奉。朋友悲伤地说："我不羡慕那些家财万贯的人，也不羡慕那些声名显赫的人，我只羡慕那些有父母在耳边时常唠叨的人。"听了朋友的诉说，突然间我觉得自己是那么的幸运，那么的幸福。因为不仅我的父母健健康康，连我的爷爷奶奶和外公外婆也都还健在。为人父母，还能沐浴在父母温暖的爱河里，这是一件多么幸福的事啊！遗憾的是以前我一直没有体会到。

　　傍晚，经过一个露天广场时，看见有许多老人正在那里唱歌跳舞，他们的神色是那么专注，他们的表情是那么和悦。每一个动作，每一句歌词，都透露出他们对生活的热爱。我完全被他们吸引了，情不自禁地走了过去。细看之下，才惊奇地发现，他们都是残疾人，来自本市残联。这些老人们每天都要来广场义演，不为别的，只为心中那份信念和信仰。从他们的脸上，看不出丝毫的失望，也找不到一丝的不快。虽然他们不幸成了残疾人，但他们的心态是积极的，健康的，快乐的。望着他们并不算美丽的舞姿，听着他们并不算悠扬的歌声，突然间我觉得自己是那么的幸运，那么的幸福。他们肢体残缺尚能如此乐观，笑对生活，那么我一个四肢健全的人，又有什么理由不快乐，不幸福呢？

夏天的时候，我坐在空调屋里悠闲地翻着书，喝着茶。在对面不远的地方有一个建筑工地，一群农民工正顶着烈日努力地工作着。热了，就用手背抹一把汗水，然后顺势一甩。渴了，就仰着脖子在水龙头下咕噜咕噜地牛饮一通，然而又继续手头的工作。在火一样的阳光下，他们一边喊着号子，一边挥舞着有力的胳膊，一副自得其乐的样子。虽然他们吃着最简单的饭菜，住着简易的工棚，吸着劣质的香烟，但他们并不悲观，他们的眼里充满了希望和期待。望着他们，突然间我觉得自己是那么的幸运，那么的幸福。

秋天的时候，我应邀去一山区采风。没到那里之前，我根本无法想象世界上还有这么贫穷落后的地方。那里山高路远，悬崖峭壁，交通十分不便，赶一次集，一般都要步行好几个小时才能到达。那里土地贫瘠，气候无常，能够栽种的基本上只有土豆、玉米、萝卜和白菜，他们的一日三餐也主要吃这些东西。然而，面对贫困的生活，他们的心态十分平和，极少抱怨，总是以大山般的胸怀容纳一切，高兴地迎接着每天升起的太阳。想想他们的处境，突然间我觉得自己是那么的幸运，那么的幸福。

　　生活往往就是这样，只要你把目光放低些，时刻以一颗感恩的心审视世界，你就会发现原来生活是如此美好，自己是如此幸运，如此幸福。

幸福可以提升

进入 21 世纪，职业竞争日益激烈，人们生活节奏也不断加快，来自四面八方的压力接踵而至，郁闷、焦虑、烦躁、悲观、失望、功名利禄等，不断侵袭、困扰着人们的心灵，使人们体验不到幸福和快乐。

那天，我要出远门，老婆为我收拾好了行李，坐在长达数小时的客车上，我无聊地打开携带的皮包，想把 MP3 取出来听听音乐，解解旅途的烦闷。拉开皮包的拉链，我发现有一张短笺，展开一看，娟娟字迹立刻映入我的眼帘："如果口渴，包里的保温杯里有开水，不要喝冷水，对你的身体不好；包里有橘子，要是晕车的话，可以嗅嗅橘子皮，会舒服一些。"以前我厌烦了老婆的唠叨，但在那一刻，我的心底涌动出了一股奇异的感觉——幸福。

原来，幸福可以这样提升：在日常生活中以一种知足常乐的心态对世事，眼中不要只看到明星、名人，应该多想一想还有很多不如自己的人，想想他们的痛苦和不幸，摆正自己的位置，不盲目攀比。一个幸福的人往往不是因为他拥有的多，而是因为他计较的少。保持一份平和的心境，才会享受到幸福的乐趣。

原来，幸福可以这样提升：当别人住着豪华宽敞的别墅，而自己住在乡间简陋的瓦房中时，我们庆幸自己远离了城市的喧嚣和污染，庆幸乡间有新鲜甜润的空气，有绿色无公害的蔬菜，有一望无际碧绿的田野，有真诚而朴实的乡情。当别人驾着名车疾驰而过，自己还搭乘在拥挤的公交车上时，我们庆幸还能体会到别人为你让座的真情，或者自己为别人让座的快乐。当别人月收入上万，而自己却领着几百元的薪金时，我们庆幸闲暇时可以下下棋，散散步，钓钓鱼，无丝竹之乱耳，无案牍之劳形！

原来，幸福可以这样提升：当我们贫穷时，夫妻间恩恩爱爱，相濡以沫，同甘苦，共患难，是幸福；一家人团团圆圆，围在一起吃饭、看电视，是幸福；与子相悦，执子之手，与子偕老，是幸福。

原来，幸福可以这样提升：当你身处沙漠、口干舌燥时，一盅泉水是幸福；当你身体疲倦、两腿如灌铅时，一张温暖而厚实的大床是幸福；当你失意落魄、孤独无助时，轻轻的扶持是幸福；当你卧病在床时，有人端茶递水是幸福；当你事业成功时，有人真诚祝福是幸福；当你遭遇失败时，有人关心和鼓励是幸福。

原来，幸福可以这样提升：当你没有美好的爱情时，却拥有弥足珍贵的亲情，你是幸福的；当你没有金钱时，却拥有用钱也买不到的知识，你是幸福的；当你仅有健康的身体时，你还是幸福的，因为这正是无数生命垂危的人所渴求的；当你连健康的身体也没有时，你也是幸福的，因为你还有一颗积极向上的心……

原来，提升幸福如此简单，只要换一个角度，就会发现，其实幸福就在我们的身边。

把快乐传递给别人

　　那天，我去领导办公室交一份材料，交材料前正好在一张报纸上看到自己的一篇文章发表了，因此我的心情特别愉悦。当我推开领导办公室的门时，我的脸上情不自禁地溢满了笑容，并用轻松快乐的语气向领导问好。领导瞧了我写的材料，不住地点头，脸上也露出了久违的微笑，并啧啧地赞叹道："不错，不错，真不错！"听了领导的夸赞，我不禁有些受宠若惊，写了这么久的材料，还是头一回被领导如此欣赏。

　　记得以前我去交材料，因为老是担心自己写的东西不够深刻，不够周全，怕不尽如领导的意，进门时总是低垂着头，沮丧着脸，表情庄重严肃。到了领导的身边双手将材料奉上，然后一言不发，默默地站在一旁等待着领导的指正和批示。结果总是如自己所担心的那样，每次领导看了我写的材料，不是吹毛求疵，就是在鸡蛋里挑骨头，让我改了又改。而这次我写的材料并不比以往的好，为什么会受到领导如此的赞赏呢？

　　经过一番细思，我发现原来快乐和烦恼可以传递，可以影响别人的情绪，也可以改变别人对你的评价。以前我总是带着紧张和不愉快的心情来到领导的办公室，无形中我把自己的不愉快传递给了领导，使他原本比较好的情绪一下子变得沉重了。用不愉快的心情去观世界，无论风景多么优美迷人，眼里也只是残枝败叶，落红缤纷。以前领导正是用这样一种情绪看我写的材料，难怪看到的总是缺点。而那天我将愉悦传递给了领导，使领导换了一种心情，他用欣赏的目光看我写的材料，自然看到的全是优点。

我们经常会有这样的感受，和快乐的人在一起，自己也会变得开朗乐观。经常和忧郁悲观的人在一起，自己的内心也会变得阴暗压抑。这便是快乐和烦恼的传递。

生活中，由于工作的压力，琐事的困扰，我们难免会出现不良的情绪。我们要学会控制自己，不要把工作上的不愉快带到家里，也不要把家庭的不愉快带到工作中去。以免影响了别人，也伤害了自己。

美国著名管理学大师德鲁克曾说："快乐的人，常给人群带来凝聚力，给工作带来愉快，给劳动带来轻松。"因此我们要善于营造好的心情，然后把快乐传递给别人。你的快乐就会如星星之火在别人的心里点燃，并迅速燎原，别人便以同样的快乐回赠予你。

在工作中，如果我们把快乐传递给别人，工作就会得心应手，如鱼得水，称心如意。在家庭中，如果我们把快乐传递给家人，我们的生活就会变得融融乐乐，安定和谐，幸福美满。

给自己一片晴朗的天空

在金融危机的影响下，朋友所在的公司破产了，自然他也就失了业。朋友四处求职，结果连连碰壁，因此整日愁眉苦脸、唉声叹气，认为自己时运不佳，英雄无用武之地。渐渐地朋友不再像往日那样乐观豁达，笑容满面，而是变得消沉悲观起来。

这天，朋友邀我一起喝酒，几杯暗黄的液体倒入肚中后，朋友的话也多了起来，他开始不停地抱怨："现在这社会找个工作真难啊，什么都得讲关系，有本事顶个屁用，没关系照样得靠边站。"朋友的愤懑与不满，主要来自找工作的不顺。待他内心的郁闷发泄得差不多时，我安慰朋友说："其实，你那工作丢了也并没有什么不好，工作环境差，待遇低，离家又远，说不定这次失业正是你人生的一大转机，兴许过不了几天，你就会找到一份满意的工作。"朋友经我这么一开导，心绪立刻好了很多，随即附和着我的话说："你说得也有道理，那破工作，完全就是鸡肋，食之无味，弃之可惜，现在没了也未尝不是一件好事。"

接着我们又聊了一些积极的、开心的话题，在我的影响下，朋友的烦恼完全释怀了。没过几天，朋友果然找到了一份不错的工作，再次遇见他时，我又看到了他一脸的灿烂。

　　幸福常常就是这样，老喜欢跟我们捉迷藏，当你苦苦寻觅时，它躲得无影无踪，当你心态平和、随遇而安时，它又悄悄地来到你的身边。所以，我们大可不必因一时的不顺而灰心丧气，郁郁寡欢，万念俱灰。好的心境完全取决于自己对生活的态度，就像面前的半瓶酒，悲观主义者说，这么好的酒怎么就剩半瓶了！而乐观主义者则说，这么好的酒还有半瓶呢！

　　愁也一天，乐也一天，我们有什么理由不给自己一片晴朗的天空呢？记得曾有一位老人，她大儿子是做伞的，她二儿子是染布的，每当天晴，她就忧心忡忡地说：我大儿子的伞怎么卖得出去呢？每当下雨她又焦虑万分地说：我二儿子的布该怎么办呢？为此，老人天天发愁，以致忧郁成疾。直到有一天一位智者对她说，你为何不换一种心情呢？每当天晴，你就为二儿子感到高兴，因为他可以晒布了。每当下雨，你就为大儿子高兴，因为他的伞可以卖个好价钱了。这样一想，老人天天都乐呵呵的，身体又恢复了原来的健康。

　　人生在世，不如意者十之八九，如果我们事事总是想到阴暗的一面，那么我们永远也不会得到快乐和幸福，也永远不会取得事业上的成功。凡事我们都应该想到积极有利的一面，给自己一片晴朗的天空，那样我们的生活才会充满希望和乐趣。

生活，有时不妨阿Q一点

那天，妻买完菜回来递给我五十元钱，让我审一审真假。妻对钱一向不太敏感，每次人家找零给她，回到家她总是会习惯地让我看一看。我接过钱一看，色泽暗淡，表面光滑，百分之百的假钞。"假的！"妻有些惊讶，随即又气愤地骂道："该死的小贩，用假钱蒙人，我找他去。"

我劝妻说："算了，别浪费时间和精力了，谁让你当面不看清，就权当交一次学费吧！"

"算了？五十元，不行！"

我说："那些小贩的流动性很强，你上哪儿去找他呀。就算你运气好找着了，别人会承认吗？肯定不会。"

听了我的劝说，妻仍然难平心头之气，中午饭也没吃就怒气冲冲地出去了，到了下午才耷拉着脑袋回到家。我问，找着了吗？妻摇摇头。晚上，妻依然神色凝重，一句话也不说，脑子里总想着那事。看她那郁闷不堪的样子，哪像丢了五十元钱，简直就如失去了所有的家产。见妻如此，我问："怎么了？还在为那事生气呀！不就五十块钱吗，有什么大不了，你就当是被小偷偷了或是不小心掉了。"

　　我不说则已，一说妻更加难受伤心，她哀叹道："你知道五十块钱能买多少斤白菜、多少棵青菜吗？都怪我当时太粗心，没有瞧仔细，我哪会想到他会找假钱给我呀，要是下次让我逮着了，绝不会轻易饶了他。"

　　妻越说越激动，越说越生气。我继续劝慰说，你不妨换一种想法，比如今天你没得到这五十块假钱，可能你会用这钱给我买一只烤鸭，可能碰巧这只烤鸭不新鲜，结果我吃了后上吐下泻，住进医院，花掉上千元才捡回一条小命。你想，得了这五十块假钱不正好免去了我的灾难吗？经我这样一说妻的心情一下释然了，她感叹说："是啊！五十元钱换回一条命，值得。"说完就将那五十元假钱化为了灰烬。

　　许多烦恼，皆由心生。工作的压力、生活的困扰、情感的纠葛，搅得人生一波未平，一波又起。令我们失落沮丧，痛苦烦躁，抑郁苦闷，严重影响着我们的健康，左右着我们的工作。

　　其实，有时候，我们不妨阿Q一点。当一件事已经发生，或是根本无法挽回，苦闷本身毫无意义，也无济于事。这时，我们倒不如自我安慰，寻求一种心理的平衡，排除不良的情绪，抹去心里的阴影，保持良好的心态，让自己在愉快的环境中度过每一天。

学学孩子解烦恼

不久前的一天，因为工作上的小小失误，领导找我谈了一次话。谈话的内容非常简短，领导说："小周啊，你业务一直都很优秀，这次是怎么了？"我刚想解释，领导的电话却响了。他向我挥挥手说："就这样，你先下去吧。"

回到办公室，我的心情十分低落，脑海里总想着领导刚刚说的那句话。领导是不是对我有意见了？以前我犯点小错误，领导都是睁只眼闭只眼，装作没看见或没听见，从未单独跟我谈过话。这次领导是不是在暗示我什么呢？我突然想起前几天的一次会议上，领导有一个字念错了，并且反复出现了数次。我有一个不好的习惯，听着别人读错字，心里就难受。尽管我一忍再忍，但最终还是控制不住给领导指了出来。领导会不会因为这件事挟私报复呢？最近单位正在评选先进，我评职称又正好需要这么一个条件。要是因为这事得罪了领导，评选先进的事肯定无望了。对此，我越想心越烦，越想情绪越低落。

下午，我闷闷不乐地回到家，什么事也不想干，一个人躺在床上，反反复复地揣摩着领导话里话外的意思。正在我长吁短叹之际，女儿放学回来了，她一进门就嚷着问我要钱。我的心情本来就不好，经她这一烦，我就火了，大声地骂了她几句。女儿觉得委屈，坐在沙发上伤心地哭了起来。我没有理会她，继续想自己的心事。

不知何时女儿已停止了哭泣，打开了电视，津津有味地欣赏起她喜欢的节目。或许电视里正上演着什么有趣的事，女儿看后嘻嘻哈哈地笑个不停，那欢喜快乐的样子，宛若压根儿就没有发生刚才不愉快的事。我很奇怪，几分钟前，她还是一副伤心欲绝的样子，怎么才一会儿的工夫，她就像换了一个人似的，把所有的苦恼都忘得一干二净。从她的脸上我根本无法找到一丝不快乐的痕迹，我甚至有些怀疑刚才自己是否真的责骂过她，是否真的伤害过她的自尊。

看着女儿幸福快乐的表情，我不禁在想，我们成年人为何不能像小孩子一样生活呢？人生在世，不如意的事十有八九。如果总是囿于这种"不如意"之中，终日忧心忡忡，那么生活就失去了应有的光彩。成年人的"恼"，往往是自寻烦恼。生活过于小心谨慎，总是把原本简单的事情想得太复杂，结果滋生出无尽的烦恼。如果我们能像孩子一样善于遗忘，善于发现美好的事物，易于满足，以"平常心"对待生活。不想昨天，也不想明天，只想现在。兴许我们就能在平凡中时时感受到快乐的滋味。

想到这些，我郁结的情绪一下子释然了。我从床上爬起来，开心地陪着女儿一起看电视，玩游戏。

幸福其实很简单

　　那天，我和几位同事在办公室闲聊，其中一个女同事说："真羡慕某某人，年纪轻轻，就有房有车有存款，哪像我们这些人，工作了大半辈子，还没挣到一套房子，吃穿住行都得省之又省，我们真是太不幸了。"另一位同事接过话茬说："可不是？干我们这个工作就是没意思，撑不死，饿不死，一辈子受苦受穷。你看那些做生意的，穿的是名牌，吃的是山珍，人家那才叫生活，才叫幸福。"尔后，其余同事也纷纷发表了自己的看法，言语间都透露出对现实生活的极度不满。

　　听完大家的满腹牢骚，声声抱怨，我不禁在想，什么是幸福？怎样才算幸福？难道幸福真的是只属于有钱人的专利吗？

　　曾读过这样一个故事：在一个风和日丽的午后，一个富翁来到海边度假，发现一个渔夫正躺在沙滩上睡大觉，他不免有些好奇。问渔夫："今天这么好的天气，正是捕鱼的大好时机，你怎么躺在这儿睡大觉呢？"

　　渔夫说："我已经捕够了今天需要的鱼，所以没事晒晒太阳。"

　　富翁说："那你为什么不趁天气好再撒几网，捕更多的鱼。"

"捕那么多鱼干什么呢？"渔夫不解地问。

富翁说："那样你就可以在不久的将来买一艘大船。"

"那又怎样呢？"

"你可以雇人到深海去捕鱼。"

"然后呢？"

"你可以办一家鱼品加工厂。"

"然后呢？"

"你可以买更多的船，捕更多的鱼，把加工后的鱼卖到世界各地。"

"然后呢？"

"那你就可以做大老板，再也不用捕鱼了。"

"那我干什么呢？"

"你就可以在沙滩上晒晒太阳，睡睡觉了。"

渔夫说："我现在不就在晒太阳，睡觉吗？"

人的欲望是永无止境的，不管你怎样努力都无法满足。当我们没有房屋遮风避雨时，我们以为只要拥有一间房子，就一定会很幸福。而事实上，当我们真正拥有它时，依然不幸福，因为我们发现拥有的这间房子太狭小、太简陋；当我们没有面包时，我们以为只要一日三餐都能吃到香甜的面包，就一定会很幸福。而事实上，当我们真正拥有它时，我们依然不幸福，因为我们发现别人吃的都是大鱼大肉；当我们没有呼风唤雨的权力时，我们以为只要拥有至高无上的权力，就一定会很幸福。而事实上，当我们真正拥有它时，我们依然不幸福，因为我们发现自己身边已没了真诚的朋友。

幸福总是喜欢跟我们捉迷藏，当我们满世界寻找它，想要与它紧紧相拥，它躲得远远的，不见一点踪迹。当我们兜了一个大圈子，累了，疲惫了，只想静静地休息，蓦然回首，才惊奇地发现，原来幸福一直就在自己的身边。

幸福，其实很简单。正如故事中的渔夫，只要我们换一种心态，换一个角度，拥有现在，幸福即可随处拾得。

第七辑

心中有艳阳，
乌云暂遮又何妨

本辑编者　沈岳明

蝴蝶不畏惧风的力量，不忘记自己的信仰，迎风而上。

一只弱小的蝴蝶都能这样，更何况我们人类？

生活中，面对困难与挫折，我们要迎难而上，

成功的大门终将为我们而开。

做一只不顺从的蝴蝶

　　他生于17世纪爱尔兰一个有权有势的大公爵之家。在这个权贵之家，唯有他不想成为达官贵人。父亲将他带到一处旷野，指着漫天飞舞的纸片说："你看到没有，这个时代已经刮起了一股风，任何东西都得随风而走，在这股风中，个人的力量是很渺小的，我看你还是跟你的哥哥们一样，去政府谋个一官半职吧！"

　　他说："可是，爸爸，我发现，空中有一只小蝴蝶，尽管它是那么弱小，可它为什么就不跟风一起飞呢？"他的父亲看到，空中还真有一只蝴蝶正在逆风飞翔，尽管风将它的翅膀吹得歪歪斜斜，但它始终在向着自己的方向飞翔。于是，他的父亲叹了口气说："孩子，你是一个有着自己独立思想的人，只是，今后你会为此付出很多，既然你想当一只不顺从的蝴蝶，那么我答应你的选择！"他的父亲只好送他去英格兰读书。

　　可是，在学习期间，却没有哪个老师喜欢他。主要原因是他不但笨，而且还不听话，很多在别人眼里再简单不过的事情，他也要向老师问个不停，并且还老是怀疑老师给出的答案。很多次老师讲课时，因为他的怀疑而不得不停下来耐心地跟他解释。

　　有一次，老师讲到黄色混入蓝色即变绿色时，他睁着一双疑惑的大眼睛问："您说的是真的吗？"老师说："这是谁都知道的道理！"他再问："那您有没有亲自做过实验呢？"老师很不耐烦地说："如果你不相信，那就去做实验好了！"

　　谁知道，他还真的去了实验室，取了黄色和蓝色两种颜料，并将其混在了一起，结果绿色出现了。这时，老师得意地望了望全班同学，然后对着他做了个鬼脸，全班同学顿时哄笑了起来。只有他不笑，他还是疑惑地瞪着那盆绿色的颜料发呆。老师问他："这下你应该明白我说的话是对的了吧？"他点了点头后，又摇了摇头说："这次，您说的确实是对的，但不能证明您说的话永远是对的！"老师瞪着双眼狠狠地说："你，真是一个不听话的家伙，这样下去，你一定会吃亏的！"

　　还有一次，老师说："空气和氢气在一定比例下，遇到火花会爆炸。"他当即问道："您说的是真的吗？"老师说："难道你没看到吗，你现在学的化学书上就是这么说的。"他瞪大眼睛说："可是，我没有亲眼见到，还是有点不相信！"老师说："你该不会又要亲自做一下实验吧？"他说："是的，我正是这样想的。"老师的脸变色了，说："这可不是闹着玩的，弄不好你会受伤的。"可是他固执得很，说："难道仅仅因为怕受伤，就放过这个不知是对还是错的答案吗？"

那次的实验，不但将他的眉毛全烧光了，还差点毁了他的眼睛。这样的事情他做过不下千次，可他从来就没有退却过。有一次，他决定做一个试验，他想，如果将盐酸滴到紫罗兰花瓣上，不知是个什么结果。老师连想都没想就对他说："这个试验将没有任何意义，因为结果我早就从教科书上得到了，盐酸对紫罗兰花瓣不起任何作用！"

但固执的他还是坚持做了这个实验。他把一滴盐酸滴到紫罗兰花瓣上后，不一会儿，花瓣竟由紫变红了。这个结果不但使他很惊奇，也使他的老师很惊奇。他又用其他各种酸性溶液做同样的试验，结果紫罗兰花瓣同样都由紫色变成了红色。

这一发现使他大为兴奋，后来，他又用碱做试验，发现碱也能使紫罗兰改变颜色。就这样，他发明了鉴别酸与碱的指示剂——石蕊试纸，为科学研究工作带来了很大的方便。他就是伟大的科学家——波义耳。波义耳还根据实验阐明了气压升降的原理，并发现了气体的体积随压强而改变的规律，后来在物理学中被称为"波义耳定律"。

波义耳常常跟自己的学生们说起自己小时候看到的那只逆风飞翔的蝴蝶。他说，风儿可以吹飞一张大纸，以及更多更重的东西，却无法吹跑一只弱小的蝴蝶，因为生命的力量是不顺从。也正是因为不顺从，才让生命有了力量！

乐观的价值

英特尔公司的总裁安迪·葛鲁夫曾是美国《时代》周刊的风云人物。在 20 世纪 70 年代，他创造了半导体产业的神话，很多人只知道他是美国巨富，却不知道他的人生也有鲜为人知的苦难经历。

由于家境贫寒，安迪·葛鲁夫从小便吃尽了缺衣少食和受人藐视的苦头，他发誓要出人头地。他比同龄人显得成熟而老练，在上学期间便表现出了他的商业天才，他会在市场上买来各种半导体零件，经过组装后低价卖给同学，他只从中赚取手续费。由于他组装的半导体比原装的便宜很多，而质量却不相上下，所以在学校里很走俏。他的学习成绩也异常优秀，他的好学与经商的聪明才智得到了老师的表扬。可是谁也想不到，他竟是个极度悲观的人，也许是受贫困的家境影响，凡事他都爱走极端，这在他以后的经商之路上淋漓尽致地表现了出来。

那是安迪·葛鲁夫第三次破产后的一个黄昏，他一个人漫步在家乡的河边。他从早早去世的父母，想到了自己辛苦创下的基业一次次破产，内心充满了阴云。悲痛不已的他在号啕大哭一番后，望着滔滔的河水发呆，他想，如果就这样跳下去的话，很快就会得到解脱，世间的一切烦愁都与他无关了。突然，对岸走来一位憨头憨脑的青年，他背着一个鱼篓，哼着歌从桥上走了过来，他就是拉里·穆尔。安迪·葛鲁夫被拉里·穆尔的情绪感染，便问他："先生，你今天捕了很多鱼吗？"拉里·穆尔回答："没有啊，我今天一条鱼都没捕到。"拉里·穆尔边说边将鱼篓放了下来，果然空空如也。安迪·葛鲁夫不解地问："你既然一无所获，为什么还这么高兴呢？"拉里·穆尔乐呵呵地说："我捕鱼不全是为了赚钱，而是为了享受捕鱼的过程，你难道没有觉得被晚霞渲染过的河水比平时更加美丽吗？"一句话让安迪·葛鲁夫豁然开朗。于是，对生意一窍不通的渔夫拉里·穆尔，在安迪·葛鲁夫的再三央求下，成了英特尔公司总裁安迪·葛鲁夫的贴身助理。

很快，英特尔公司奇迹般地再次崛起，安迪·葛鲁夫也成了美国巨富。在创业的数年间，公司的股东和技术精英不止一次地向总裁安迪·葛鲁夫提出质疑，那个没有半点半导体知识、毫无经商才能的拉里·穆尔，真的值得如此重用吗？

每当听到这样的问题，安迪·葛鲁夫总是冷静地说："是的，他确实什么都不懂，而我也不缺少智慧和经商的才能，更不缺少技术，我缺少的只是他面对苦难的豁达心胸和面对人生的乐观态度，而他的这种豁达心胸和乐观态度，总能让我受到感染而不至于做出错误的决策。"

乐观就是无论遇到多大的困难仍不失向前的勇气。对人生持有乐观的态度有助于自身素养的提高，有助于人生的升华。

刁难是不断的动力

　　巴斯德从小就想当一个有学问的人。可是，他不明白，自己要怎样做才能当一个有学问的人。那时，有人得知巴斯德的这种想法后，觉得非常可笑，因为巴斯德的父亲是拿破仑麾下的一位骑兵，完全是个没读过书的武夫。于是他就讽刺巴斯德说："你如果能够成为博士，那就成了一个有学问的人！"巴斯德可没觉得这句话有什么不妥，从此他认认真真地读起了书，并在 25 岁时获取了物理学博士学位。

　　既然是物理学博士，那就应该研究点什么东西呀，可是，巴斯德竟然没有找到一个研究课题。有人嘲笑他："那你就研究'生命的奥秘'吧。"原来当时的欧洲大陆，在知识分子中流行的是"自然发生论"，认为生命可以由没有生命的物质中自然产生。比如：腐烂的木头可以生出蛆来，腐烂的肉里可以长出苍蝇。甚至还有更玄乎的，有人称，只要在老鼠笼内撒些面包屑，笼子内就会蹦出老鼠来。

　　巴斯德觉得，"生命的奥秘"还真是值得好好研究一下。随着研究的深入，巴斯德发现有些理论是错误的。在 1859 年至 1861

年，巴斯德经过了认真的实验，他将加温煮沸的肉放在开口弯曲的瓶中，里面什么虫也没长出来，因而强有力地驳斥了当时的理论。

现今在生物学课本上，都记载了巴斯德实验的正确性。但是当时几乎所有科学家都反对他。然而巴斯德仍然坚持自己的看法，并提出食物的腐烂是微生物的作用，他说："微小的细菌，看起来是静止的，但是只要有合适的环境，也会遵守生命的法则来活动。"这一宣称使得反对他的人更为激烈，并纷纷提出了更为棘手的问题来刁难他。

1867年，有人质问他：法国的蚕为什么会生病？巴斯德根据三年实验结果，分离出两种致病的杆菌，发现了治疗这种疾病的方法，并且无意间拯救了法国的蚕丝与服装业。又有反对他的人提出：酒为什么会自然变酸？1870年，巴斯德提出那是微生物的作用，并且提出高温杀菌法，使酒保持新鲜；同样的方法也可以使牛奶保持新鲜。他又拯救了食品业，反对他的人只好勉强送他一个勋章。

后来的12年间，陆续有人问他羊的炭疽病、猪的红斑丹毒病、鸡瘟以及被视为绝症的可怕的狂犬病，他都一一找出病毒，并将其解决，开创了免疫学与传染病控制学的先河。

最终，巴斯德被世界公认是对人类最有贡献的科学家。他发现微生物是造成人类疾病的主要原因，控制病菌，就可以得到治疗，甚至可以预防疾病。他在传染病与免疫学上的贡献，使世界上每一个角落的人都受到了帮助。

　　有趣的是，他的所有重要发现，都是源自他的对手提供的难题，而非自己去找来的。有人问巴斯德："您是怎么找到这么多的研究课题，并对之有重要发现的呢？"巴斯德风趣地说："我可没有时间也没有必要去寻找研究课题，因为自有那些喜欢刁难别人的人给我找难题，而我只要花些时间和精力去寻找正确的答案就行了！"

　　人生中，几乎每个人都会遇到一些喜欢嘲笑、挖苦甚至刁难他人的人，他们总是以此为乐，乐此不疲。如果你以同样的方式也去嘲笑、挖苦甚至刁难他人，那么，你也会变成他们中的一员。如果你将他们的嘲笑、挖苦和刁难当作让自己奋进的动力，那么，你就会发现自己的收获竟然源源不断。

选好心田的种子

法国作家莫泊桑，很小时便表现出了出众的聪明才智。只要是他读过的书，不管是什么人什么时候问起，他都能够倒背如流。而且他爱好广泛，不但热爱读书背书、写诗作文，还喜欢踢足球、弹钢琴、修理汽车、去烧烤店学习制作烧鹅，甚至连去乡下种菜都是他热衷的事情。

有一天，莫泊桑跟舅父去拜访他的好友、著名作家福楼拜。莫泊桑的舅父想将他推荐给福楼拜，让福楼拜做他的文学导师。可是，莫泊桑却骄傲地问福楼拜究竟会些什么。福楼拜反问莫泊桑会些什么，莫泊桑得意地说："我什么都会，只要你知道的，我就会。"

福楼拜不慌不忙地说："那好，你就先跟我说说你每天的学习情况吧。"莫泊桑自信地说："我上午用两个小时来读书写作，用另两个小时来弹钢琴，下午则用一个小时向邻居学习修理汽车，用三个小时来练习踢足球，晚上，我会去烧烤店学习怎样制作烧鹅，星期天则去乡下种菜。"说完后，莫泊桑得意地反问道："福楼拜先生，您每天的工作情况又是怎样的呢？"

福楼拜笑了笑说："我每天上午用四个小时来读书写作，下午用四个小时来读书写作，晚上，我还会用四个小时来读书写作。"莫泊桑不解地问："难道您就不会别的了吗？"福楼拜没有回答，而是接着问："我还想问问，你究竟有什么特长，比如有哪样事情你做得特别好的？"这下，莫泊桑答不上来了。于是他便问福楼拜："那么，您的特长又是什么呢？"福楼拜说："写作。"

原来特长便是专心地做一件事情。莫泊桑终于明白了福楼拜的良苦用心，并下决心拜福楼拜为文学导师，一心一意地读书写作。莫泊桑一生共创作出了中短篇小说约 300 篇、长篇小说 6 部、游记 3 部，以及许多关于文学和时政的评论文章。他的《羊脂球》更是得到了世人的好评，最终取得了跟他的文学导师福楼拜同样丰硕的成果。

人心是块田，你种下什么，便会长出什么。但如果你将玉米、黄豆、小麦和南瓜统统种在一块田里，那将什么也长不出来。只有选择一颗适合自己的种子，并日积月累地以汗水浇灌，才能培育出成功的果实。

外力挤压出来的才能

　　年轻的大学毕业生奥特加，凭借自己出色的笔试与面试成绩，很快便在一家服装公司找到了工作。奥特加的职务是服装公司总经理助理，工作是协助总经理处理工作。可是，才上几天班，总经理便对奥特加横挑鼻子竖挑眼，这让奥特加感到非常委屈。

　　比如，奥特加做的一份报表，只不过因为文字小了一号，总经理便以自己的眼睛不好，看不清楚而大发脾气。就在奥特加将报表改过之后，依然不依不饶地训斥了他好长时间。

　　又有一次，因为一个客户投诉，有一箱贵重的服装竟然少了一件，奥特加又遭到了总经理的严厉批评。但随后客户又道歉说，是他自己点错了数，服装根本就没少。尽管那完全是一场误会，但是总经理却没有减少对奥特加的指责。

　　像这样的事情，几乎每天都会出现。大约半年时间后，奥特加实在忍受不了了，于是决定辞职。但奥特加又想，自己的才能还没有得到充分的施展，就这么轻易地放弃实在可惜。于是，他决定要干一件像样点儿的事情之后再走，也免得总经理老是怀疑自己的能力，以为自己辞职不干是因为能力有限。

那是一次商业谈判，因为总经理临时有事，于是便委派奥特加去与客户谈判，结果奥特加一举拿下了一个大订单，那可是自公司开办以来最大的一笔业务。可是总经理却没有表扬他，还批评他说，如果是总经理亲自去的话，可能还会获得更大的订单。

这让奥特加备受打击。为了让总经理对自己刮目相看，随后奥特加又陆续为公司拿下了更多更大的订单。公司的业务越来越好，全公司的人都知道，奥特加出力最多，功劳也最大。可是，总经理对奥特加却没有多少赞誉之词。

奥特加再也无法忍受，他终于愤怒地将辞职书放到了总经理的面前。可是，总经理这次却没有对他板起面孔，而是笑了起来，并问："你真的要走吗？"奥特加毫不犹豫地说："您现在就算给我个总经理当，我也不会干了！"

总经理依然满脸笑容地说："你说得对，我确实要给你个总经理当！"总经理这突如其来的转变让奥特加惊愕不已，吓得半天说不出话来。良久，奥特加才结结巴巴地说："不，不会吧？"总经理说："你是不是感到奇怪，之前，我为什么对你这么严厉？其实我早就看出你是一个有才能的年轻人，所以便将你招到公司当成我的接班人来进行培养。通过一年多时间对你的观察与培养，我觉得你完全有能力来管好这个公司。"

奥特加依然呆呆地站在那里，不敢相信眼前的一切。总经理接着说："我很快就要退休了，所以必须找一个有能力的人来管理公司，如今有能力的人很多，但要想将能力发挥出来，还需要一些条件。有句名言是这样说的：'人的才能就如海绵里的水，如果没有外力的挤压，它是流不出来的。'为了让你的才能得到更好的发挥，我给了你一些这样的'外力'，你不介意吧！"

听到总经理言辞恳切的话语，奥特加激动得连连摇头。总经理又接着说："你和公司今后的路还很长，也会遇到更多的'外力'。有的人在外力的挤压之下喘不过气来，最后被压得趴下了；而有的人在外力的挤压之下，却能让才能得到更好的流露。我希望你是后者。"

奥特加重重地点了点头。后来，他遇到的"外力"确实越来越多，也正是因为那些"外力"的挤压，让他的才能得到了释放。如今，奥特加的服装店已成为世界第二大服装公司，专卖店遍布全球。2011年，奥特加以310亿美元的资产，排名福布斯富豪榜第7名。

人生最不能失去的

　　一个商人，在破产之后，不但车子、房产全部被拍卖后抵了债，而且多年辛苦打拼的事业也毁于一旦，失去了继续生存下去的勇气。公司一倒，员工们也都作鸟兽散了，以前的朋友现在竟然形同陌路。更重要的是，他的女友也跟着别人跑了。事业、财产、爱情、友情都相继失去之后，他可以说什么都没有了，成了一个真正的孤家寡人。商人觉得，自己已经没有必要再留在这个世界上了。

　　商人将自己的故事向一位长者倾诉完后，就准备了结自己的生命。可是，却被长者及时阻止了。长者说："你还有一样最重要的东西没有失去，只要拥有了这样东西，你所有失去的都会回到你的身边。"

　　商人苦笑道："我还能有什么重要的东西？"长者说："未来。"商人似懂非懂地问："未来？"长者说："是的。当一切离你而去后，未来还会在某个地方等着你。你想一想，刚来到这个世界上的时候，你拥有事业、财产、爱情和友情吗？"商人说："没有。"长者说："那么你那时拥有未来吗？"商人答道："有。"长者说："你那时拥有未来，所以后来便有了一切，现在你仍然拥有未来，就证明你依然能够拥有一切的。"

　　商人恍然大悟，终于断了轻生的念头，并且经过再次打拼之后东山再起，最终又拥有了一切。

　　他的名字叫作特朗普，是美国的一位商人。在 20 世纪 90 年代初期，特朗普破产时，个人债务竟然高达 9 亿美元，他的午餐费按破产委员会的规定，不能超过 10 美元。如今，特朗普的身家再次达到了 30 亿美元，又成了一个名副其实的富商，并且再次拥有了他曾经失去的一切。特朗普在接受记者采访时说："我之所以能够再次赢得成功，是因为我相信了一位长者的话，一个人只要还拥有未来，就算他失去了一切，也都会重新拥有。"

　　经常听到或者看到这样的故事：一些年轻人因为事业的一时不如意，而放弃了生命、放弃了自己的未来；也有的人因为爱情的失利，而放弃了生命、放弃了自己的未来，却没有想到，人生中，最重要的不是其他，而是生命与未来。

赏赐是奖励成果的

以色列科学家谢赫特曼，小时候家境贫困。俗话说，穷人的孩子早当家。因为父亲常年患病，需要医药费，所以懂事以后的谢赫特曼总是在学习之余还要身兼数职，赚钱给父亲治病以及养家。

尽管谢赫特曼的兼职不少了，但是为了赚到更多的钱，他又参与了一项能够应用到材料、生物等多个领域的科学研究。为了工作，他的生活从来没有白天与晚上之分，有时每天才睡 3 个小时。

尽管谢赫特曼每天都在努力工作，可收获却很小。看到同工作室的人都拿到了丰厚的奖金，他再也忍不住地去找了研究办的负责人。谢赫特曼说："我每天也在努力地工作，为什么除了微薄的基本工资以外，再也没有得到过像同事们一样多的奖金呢？"

研究办的负责人理直气壮地反问他："你的同事们之所以得到了奖金，是因为他们的工作出了成果，请问你的成果在哪里？"一句话，让谢赫特曼沉默了。从此，谢赫特曼再也没有向研究办的负责人提过奖金的事，也不再只知道埋头努力工作，而是想尽办法让自己出成果。

2011 年，由于谢赫特曼在晶体学、材料学研究领域取得了巨大的成功，这次成功不但获得了同行专家们的认可，还在全球同一领域引起了巨大反响，最终获得了诺贝尔化学奖。这次的诺贝尔化学奖，所得的奖金非常丰厚，有 140 多万美元。

谢赫特曼喜获诺贝尔化学奖的消息，就像长了翅膀一样很快便传到了以色列，以色列总理内塔尼亚胡当即致电谢赫特曼表示祝贺，他说："每个以色列人都会感到很开心。"

虽然谢赫特曼早已不像当年那样缺钱用了，但那一回的经历却让他明白了一个道理：在这个世上，从来就没有用来奖励工作努力的赏赐，所有的赏赐都是用来奖励工作成果的。

信念与兴趣

　　1919 年出生的新西兰登山家埃德蒙·希拉里是第一个登上珠穆朗玛峰的人。那是 1953 年 5 月 29 日，34 岁的埃德蒙·希拉里成功地登上了珠峰的峰顶，这意味着人类在征服自然上又有了一项伟大创举。

　　据传，在埃德蒙·希拉里登上珠峰峰顶之前，就有许多登山爱好者向珠峰发起过挑战，可是都未能成功登顶。于是，人们对于埃德蒙·希拉里的成功既表示敬佩，又表示好奇，都希望能够在埃德蒙·希拉里那里讨得一个登上珠峰峰顶的秘诀。

　　当有媒体披露，埃德蒙·希拉里之所以能够成功地登上珠峰峰顶，依靠的无非是"实用的技巧和足够多的绳索"时，立刻引来了无数登山爱好者的学习与模仿。可是，尽管人们努力地学习了各种关于登山的实用技巧，以及在登山之时带上了足够多的绳索，但依然没人能够成功登顶。

　　于是，人们开始怀疑，埃德蒙·希拉里肯定还有其他未曾告人的登山秘诀。不管是媒体还是登山爱好者，都整天守在埃德蒙·希拉里的住处不肯离开，他们不甘心啊！幸好埃德蒙·希拉里是一个随和的人，不管人们提出什么问题，他都会耐心地回答，并详加解释。可是，他的答案却始终不被认可。

一天，埃德蒙·希拉里又被人们围住了，可是，他却实在无法给人们一个满意的答案。就在埃德蒙·希拉里不知所措时，他突然想起了一件事情，因为自己的所有技巧与秘诀都公之于众了，可以说再也没有什么隐瞒了，唯一的答案可能只有一个。

于是，埃德蒙·希拉里试探着说："不知道大家对这个答案满不满意：虽然不少人对登山有兴趣，但我却是怀着必胜的信念去登珠峰的，通常有信念者比只有兴趣者的力量要大得多。"

人们这才恍然大悟，从此再也没人来向埃德蒙·希拉里讨要登山秘诀了。

如果你是吉布斯

　　如果你是公司里学历最高、所做贡献最大的人，而薪水却一分也没有，你还会留在公司继续工作吗？你肯定会说，谁也不相信这个世界上还有这样的傻瓜。可是你错了，这个世界上还真有这么个傻瓜，他的名字叫作吉布斯。

　　谁都知道，吉布斯是美国历史上第一位博士生、伟大的物理学家、热力学大师。可是没人知道，他在耶鲁大学任教期间，从1863年到1872年这9年时间里，学校竟然没给他一分钱薪水，吉布斯全靠父母存留的一点积蓄勉强度日。

　　如果你是公司里学历最高、所做贡献最大的人，而薪水却一分也没有，你依然默默地为公司服务了9年时间。这时全行业的人都知道了你是个伟大的人才，都想出天价将你挖过去，而你却不肯，宁愿选择留在公司里继续干，但公司领导却只给出与你同等职位的其他人的一半薪水。你肯定会说，谁也不相信这个世界上还有这样的傻瓜。可是你又错了，吉布斯就这样做了。吉布斯选择了拿别人一半的薪水，继续留在耶鲁大学任教。

　　此时，如果你又为公司争得了巨大的荣誉，但是却没有一个领导对你说一句感谢的话，当然，奖金更是一分都没有了。在面对其他公司没有得到你这个人才而极力诽谤你的时候，公司更是将你往外推，丝毫不管你的死活，你还会留下来继续为公司卖力吗？

吉布斯发表的三篇经典论文：《图解方法在流体热力学中的应用》《论多相物质的平衡》《统计力学的基本原理》，那时曾经遭受多方质疑，一度被人视为神经病的胡言乱语。可吉布斯对此没有任何怨言，依然全心全意地干着自己应该干的工作，那就是——尽全力教好自己的学生！吉布斯一生治学严谨，成绩显著，后被选入纽约大学的美国名人馆，并立半身像。

如果你选择了吉布斯，那么你也就选择了与吉布斯一样的苦难和荣耀。如果你的选择与吉布斯完全相反，那么你将会一无所有。因为吉布斯的一切都离不开耶鲁大学，是耶鲁大学给了吉布斯成为第一个博士生的机会，也只有制度严谨的耶鲁大学，才能给吉布斯设置出那么多的障碍。因为吉布斯为了搞研究擅自离校 3 年，学校才在吉布斯执教 9 年的时间里没给过他一分钱薪水，让吉布斯失去了温暖而舒适的生活环境，保持了旺盛的创造力。历史证明，吉布斯的同事们，那些拿着高薪过着优越生活的人，没有哪一个达到了吉布斯的成就。正是这些原因，才成就了一代伟人吉布斯！

苦难是最好的老师。苦难能使一个人坚强刚毅，苦难能焕发一个人的斗志。苦难的背后也可能有意外的收获。

普朗克的荷包蛋

　　德国著名物理学家普朗克在上大学之前，一直对音乐有着浓厚的兴趣。他很小的时候就已经具有专业的钢琴和管风琴演奏水准了。他喜欢舒伯特的《摇篮曲》《美丽的磨坊女郎》，勃拉姆斯的小提琴协奏曲，还有巴赫的《马太受难曲》等。对于家教甚严、办事循规蹈矩、一丝不苟的普朗克来说，音乐是他唯一能放纵自己的感情，使自己的思想不受约束的领地。

　　1874 年，16 岁的普朗克中学毕业了。但在选择今后的努力方向时，他却陷入了踌躇，因为他觉得当一个科学家可能比音乐家更有价值，最终他还是决定选择放弃音乐，转而研究物理学。可是，因为曾经对音乐的热爱，让他一下子很难将心思放在物理学上，他常常会在研究物理时，眼前飘动着一个个音符，并且会不知不觉地哼起曲子。

　　这让普朗克的导师异常气恼，他曾不止一次地警告普朗克，在研究物理学时，如果再出现心不在焉的情况，他将向学校领导提出将普朗克开除出校的申请。可是，普朗克依然无法控制自己去想音乐，严重时，他甚至想放弃对物理学的继续研究，再回到对音乐的研究上去。

一天，普朗克的母亲正在厨房做饭，她突然大声地喊普朗克去趟厨房，其时普朗克正坐在客厅发呆。听到喊声，普朗克才如梦方醒地走进了厨房，但他的脑子里还在想着究竟是选择音乐还是选择物理这个问题。

普朗克的母亲说："孩子，你给我做一个荷包蛋吧。"普朗克一时没明白母亲的意思，问："您这是怎么啦，为什么突然要我做一个荷包蛋呢？"母亲说："其实做荷包蛋也是一门学问呢，它可不比你的音乐与物理简单。"普朗克说："那好吧，我就给您做一个荷包蛋吧。"

就在普朗克拿起鸡蛋准备往灶台上敲时，母亲阻止说："不要将它打破。"普朗克不解地问："不将鸡蛋打破，又怎么能做出荷包蛋呢？"

母亲笑了，说："既然你明白这个道理，为什么既想做荷包蛋，又不想将鸡蛋打破呢？"普朗克还是没明白母亲的意思。母亲接着说："现在，你的脑子里就有这么一个鸡蛋，那就是音乐，如果不将它打破，你就无法做出物理学这个荷包蛋来！"

普朗克恍然大悟，终于彻底放弃了对音乐的留恋，将全部心思放在了对物理学的研究上，最终创立了量子理论这一伟大的成就，这是物理学史上的一次巨大变革，从此结束了经典物理学一统天下的局面。普朗克由于创立了量子理论而获得了 1900 年诺贝尔物理学奖。1947 年 10 月 3 日，普朗克在哥廷根病逝，终年 89 岁。德国政府为了纪念这位伟大的物理学家，把威廉皇家研究所改名为普朗克研究所。

普朗克经常说："如果不把鸡蛋打破，就无法做出荷包蛋。我之所以有今天的成功，只不过做了件非常简单的事，那就是勇敢地将鸡蛋打破后，做出了一个荷包蛋。"

当你想要做一件事情时，就应该下定决心，摈弃一切干扰因素，将全部的心思都用在做这件事情上。只有这样，你才可能获得成功。

弱者的力量

　　美国星瑞公司要寻求合作伙伴的消息一经媒体报道，许多中型企业都纷纷出动，使出浑身解数，其中拉塞尔公司从众多竞争对手中脱颖而出，有望与星瑞公司合作。只是星瑞的总裁史蒂芬·罗是个脾气古怪的人，谁也无法预料他还会出一些什么招数来考验拉塞尔公司。当得知星瑞公司总裁史蒂芬·罗决定考核拉塞尔公司的诚信时，拉塞尔公司终于松了一口气，因为拉塞尔公司自认诚信不错，也有足够的把握争取到这次与星瑞公司的合作。

　　拉塞尔公司按照星瑞公司的要求找来了7家曾经合作过的公司，星瑞公司公开询问那7家公司对拉塞尔公司的诚信度是否持肯定意见。令拉塞尔公司大吃一惊的是，前面6家公司竟有3家公司对拉塞尔公司的诚信提出了质疑。尽管拉塞尔公司对那3家公司否定的答案很不服气，但星瑞公司却给予了肯定。现在，6家公司有3家公司提出了不同意见，也就是说，场上的票数已经持平。

　　第7家是普立公司，也是一家最不起眼的小公司。可是，它却成了最关键也是最令人瞩目的一家公司，因为它那一票就可以决定拉塞尔公司的前程。令拉塞尔公司万万想不到的是，普立公司投了反对的一票！普立公司道出了拉塞尔公司失信于它的原委。原来有一次拉塞尔公司将一张单据在双方规定的期限内迟给了普立公司一个小时。那时，拉塞尔公司的一位职员在已经处理了许多大公司的单据之后，刚好到了午休时间，便下班了。这样，普立公司的那份单据便留在了下午上班时才处理，结果整整迟了一个小时。普立公司由此断定拉塞尔公司瞧不起他们的小公司而故意失信，因为如果不是上面的暗示，一个小职员是没有权力将普立公司的单据压下来一个小时的。在确凿的证据面前，拉塞尔公司终于低下了头。

　　这件事令人联想到了一则寓言。狐狸以自己的媚态迷惑老虎后，便天天狐假虎威地欺负其他动物。当狐狸吵闹着要吃兔子肉时，老虎只得命豺狼去找了一只兔子回来。在狐狸吃兔子之前，机灵的兔子说，它有一个办法可以让老虎大王更加宠爱狐狸。兔子说，老虎大王最不喜欢狐狸的鼻子，如果狐狸下次见到老虎的时候用一只爪子捂住鼻子，那么老虎大王便会更加喜欢狐狸了。狐狸信以为真，便决定留下兔子来当它的仆人。

　　有一次，老虎不解地问兔子，狐狸最近为什么见到它时总用一只爪子捂住鼻子。兔子支支吾吾地不敢说，在老虎说了免兔子的死罪后，兔子小声地说出了原因：因为狐狸嫌虎大王有口臭！老虎勃然大怒，立即命豺狼将狐狸咬死后吃掉，兔子则趁机溜了。

　　在这个世界上，没有绝对的弱者。正所谓尺有所短，寸有所长，强者自有其强项，弱者也有其长处。所以千万别忽视了弱者的力量！

从失败中寻找成功的路

　　他两岁时便因轻度智障而被父母抛弃，医生说，像他这样的孩子，如果他的父母对他没有足够的耐心来关心他引导他，他是很难像正常的孩子一样生活和成长的。后来虽然陆续有人收养他，但还是因为没有足够的耐心来对待他，最终将他遗弃了。

　　他成了一个流浪儿。因为少不更事，加上智障，他几乎感受不到什么痛苦。他每天都去餐馆里捡别人的剩饭吃，或者去垃圾桶捡拾那些别人扔掉的过期食品充饥。困了便睡在天桥下或马路边的树荫下，日子就这样一天天地过去，他也没觉得有什么不好。

　　随着年龄的增加，他觉得自己再也不应该这样下去了，他得找份工作。他去一家餐馆应聘，但没干几天便被炒了鱿鱼。理由是他太笨，根本就不适合在餐馆工作，哪怕是洗菜、打扫卫生也干不好。最后，他被好心的杂货铺老板聘去当了一名搬运工。出力流汗的事他能干，老板还夸他干得不错。可是，一场车祸又让他失去了这份来之不易的工作。由于他骑着的一辆装满杂货的三轮车跟一辆大货车相撞，不但他的三轮车报废了，他还因此失去了一条腿。他再也不能当杂货铺的搬运工了。

　　不只是搬运工干不了，就是其他的体力活他也无法干了，除非干点儿不用费多大力气的脑力活。可是，对于没有文化的他来说，又能干点儿什么呢？有一家食品公司让他去看仓库，可是，他却查出了严重的肝病，因为长期的乞讨生活，让他感染了病毒。食品公司自然是不能留他了，他只得再次过起了乞讨的生活。有几次，他晕倒在路上，被人送去医院。当医院知道他是一个流浪汉后，答应给他免费治疗，终于从死亡线上将他抢了回来。

　　出院后，他唯一能做的依然是乞讨。每当圆月当空，他躺在马路上透过树叶遥望星空，便感到无比的空虚，终于，他开始了自学，他想当作家。可是，在努力了数年后，依然没有哪家出版社需要他的作品。一转眼，他便40岁了，他觉得自己这一生真的是太失败了，他对自己的人生彻底失去了希望。

　　他将自己的经历写出来寄给了一家电台，他说他是个失败的人，他没脸再活在这个世上了。就在他准备自杀的时候，一名电台的工作人员找到他，并将他救了。他问电台的工作人员："像我这么失败的人活着还有用吗？"电台的工作人员说："谁说你活着就没有用了，你拥有那么多的失败经历，但是你现在依然好好地活在这个世上，这本身便是一个奇迹、一种力量，如果你能够将这种奇迹告诉他人，以这种力量去鼓舞他人，不就能够证明你的价值了吗？"

　　他就是美国著名激励大师莱斯·布朗，他不但在电台开的演讲专栏中激励和鼓舞了许多人，而且还周游世界，以身说法，帮助很多失败的人走出了人生的困境。莱斯·布朗没想到，自己如此失败的人生，竟然还能成就另一番成功。莱斯·布朗经常跟人说：人生中，无论怎么失败，只要信念还在，就有成功的希望。

第八辑

你所羡慕的一切

都是有备而来

本辑编者　程应峰

人生在世，无非是认识自己，洗练自己。

一个人能否得到快乐，能否取得成功，

关键在于知道什么是自己想要的，

知道什么是不可逆转的，

知道以什么方式实现梦想

知道以什么心情面对苦难。

叶诗文：越质疑，越惊奇

不明发光体出现在人们视界时，人类总会有各种各样的联想、疑问。人世间的奇迹一旦出现，或誉或毁，也在情理之中。她16岁创造奇迹时，各种复杂心理导致的非议将她团团包裹，但她面对质疑，没有陷入抑郁的氛围中，而是不愠不火，从容淡定。她知道，是金子，就算蒙上灰尘，也还是金子。

早在2010年亚运赛前，她突发牙痛，检查后，因担心上麻药影响兴奋剂检测，她硬是忍着痛，从牙龈抽出血来进行减压处理。为此，美国电视新闻CNN对她在亚运会夺冠做出了预言。果然，首次参加亚运会的她，在女子400米个人混合泳中夺冠。那时，她14岁。

她手大脚大，有着与生俱来的绝妙水感，这也许正是她作为游泳选手的优势所在。应该说，她是那种能在水里飘起来的运动员。但天才也有一个蜕变的过程，上幼儿园的时候，她就被推荐到体校练习游泳，一年365天，除了泳池换水的几天，她一天也没落下。有一次，她的小腿不小心被划破了一道口子，缝了9针。但休息不到十天，她就迫不及待地回了体校。她的启蒙教练说："这个女孩从不吵闹，你给她多少任务，她都会完成。"教练交代游 10000 米，她只会游 12000 米，绝不会游 9900 米，丝毫不会偷懒。

斗转星移，她的训练更加刻苦，她也变得爱动脑子，爱琢磨，山现过的错误动作，纠正后很少再犯。她特好强，有一次，她周末回家，在饭桌上沉着脸，想着心事。突然间，她放下碗筷，跑到阳台大喊道："我一定要赢了你！"原来前一天队内比赛中，她输给了年长她的队友。加训一个月后，她真的赢了回来。日复一日的磨砺，增强着她对游泳的信心，随着时间的推移，她的体态愈显健康苗条，游泳于她而言，已经成为一种享受。就这样，资质天成、健康苗条、技能娴熟的她，轻轻松松打破了世界纪录，获得奥运金牌。

天才经得起质疑，越质疑越惊奇。菲尔普斯在北京奥运会史无前例地夺得 8 枚金牌，经历了严格的兴奋剂检测。事实证明，菲尔普斯的成功与兴奋剂无关。博尔特也在鸟巢一鸣惊人，当时就有不少名宿、媒体纷纷惊呼："博尔特的奇迹是兴奋剂的奇迹。"检测结果一出来，人们不得不相信，博尔特速度本就是上天的赐予。历届奥运会，索普、刘易斯、约翰逊……一个个如雷贯耳的名字，一项项当时匪夷所思的成绩，都在质疑被打破之后，烙入人们记忆深处。

她——叶诗文，也不例外，成功后的质疑，让她成为奇迹中的奇迹，一块灰尘蒙不住的金子，一个异乎寻常的发光体。

林志玲：把身段放软

一位特级厨师教徒弟削菠萝，刀法娴熟，一眨眼的工夫就将几个菠萝削好了。徒弟在一旁看得目瞪口呆，半天才回过神来："师傅，你怎么削得这么快，又可以不伤及自己呢？"师傅笑了笑，拍了拍徒儿的腰身说："孩子，其实也没什么，削菠萝的时候，想要不伤及自己，只要把身段放软，身体千万别僵着硬着就行了。"其实，做人何尝不是如此，放软身段，低姿态做人，生命就会更有弹性，更有活力。

在娱乐圈，林志玲就是这样一个放软身段成就自己的典型。40多岁的她，早已过了模特儿的黄金年龄，但娱乐圈的种种界限和禁忌因她而打破。她不会唱歌，主持节目也不够有特色，演戏也只是新人，唯一让人眼睛一亮的是模特儿走秀，可是作为模特儿，她又年龄偏大，身材不够高，但她能从头到脚为 20 多个品牌代言，名正言顺地取代林青霞、萧蔷等人，成为台湾当之无愧的第一美女。她不用拍剧集、作访问、上综艺节目，只要在光鲜场合换换衣服就是广告女王，她的形象出现在众多频道，让人百看不厌。她的美，美得恰到好处，多一分则腻，少一分则淡。有人说，她是 21 世纪的芭比娃娃，就算是惊鸿一瞥，也可以撕开一个正常男人的所有幻想。

　　她为什么会这么走红？关键是她善于放软身段。她这样说过，《三国演义》出演的是男人的戏，小乔在其中，如水一样柔软、温柔，但水的力量同样可以强大，它可以用它的柔软融化一切。美丽之外，如水柔软，这正是林志玲多年的成功哲学和生存法则。可以说，正是她的美和她为人处世的柔软身段，使她具备了让社会闭嘴的潜力。林志玲的造型师时家宁说："她是我见过的最会做人的女人。"在他看来，林志玲从不会让自己的主观喜好，抹杀别人的努力和心思。造型师准备的每一件衣服，她都一定会试穿，就算是最不喜欢的动物纹款式，也是如此。她从不把自己的压力转嫁到别人身上，总是设身处地让身边的人可以在轻松的氛围里工作。再比如说邀约，常常需要依赖经纪人负责拒绝邀约，并长袖善舞地与人保持一定的关系。但对林志玲来说，若有必须推掉的邀约，只要对方是认识的人，不管再忙、再累，她都会尽量亲自打电话给对方，或当面和对方说明。

　　她的柔软，表现在生活的细枝末节中。有一次，林志玲代言的浪琴表举行招待会，浪琴表副总张正勋希望可以请林志玲表演一段舞蹈，但经纪人认为不适合，怎么也不同意。林志玲在旁听到了这个要求，等到出场时，自己偷偷脱了鞋，光着脚上了台，在原本只是要摆摆 pose 的段落中，跳了一段长长的舞蹈。让张正勋惊讶的还不止于此，浪琴表邀林志玲到西安宣传，与当地 100 多位经销商一起吃饭，一桌一桌的经销商走到台上，和她合照、握手。张正勋注意到，身高 174 厘米又穿高跟鞋的林志玲，总是膝盖微弯，蹲到和对方一样的高度，眼神平视地和对方握手。"她就那样总共蹲了八十几次，我从来看不到任何一个艺人这么做！"因代言活动，经常与港台大明星互动的张正勋大声惊叹："这就是她的身段，她的身段非常柔软。"

林志玲正是这样，把自己放在比平凡人更低的位置，懂得像水一样随遇而安，适时调整自己。她从不在意别人身前身后如何评判，做着自己认为值得做的事，走着自己认为值得走的路。正因如此，她一路走来，不但可以安身自在，还能在复杂的人际关系中与他人和谐相处。

为人处世，把身段放软，可以让生命富有弹性和活力；把身段放软，不是委曲，不是求全，恰恰是以退为进，以退为进的人生，常常会如鱼得水，游刃有余。

杨光：最凄美的笑

主持人问嘴角挂着笑、唱着《你是我的眼》，一举获得2007年《星光大道》总决赛冠军的杨光，如果有一天你双眼复明了，你第一眼想看见的是什么？杨光说："我最想看见的，是妈妈的手，幼时我见过妈妈的手，可那时我是没有记忆的。我能够走到今天，正是因为有妈妈的手一直在牵着我。"杨光还说："《你是我的眼》这支歌，是我唱给母亲付红的。"

8个月大时，杨光就因病双目失明，走进了黑暗世界。时至今日，他的脑海里根本就没有关于这个世界的任何影像记忆，没有任何颜色的概念。但他在人生旅途中，他始终以乐观的方式寻找着色彩，在音符中描绘着美好生活，他用音乐唱着人类美好的心灵世界，唱着对生活恩赐的无尽感激。

音乐是杨光的生命，为了心中的音乐，他只能凭借感觉一次次练习走台，其艰辛和努力是可想而知的。通过苦练，他可以准确地辨别方位，向演出现场各个方位的观众行礼。他不但唱功好，而且是一位很好的键盘手，竖琴吹得也相当不错，能独立创作歌曲；他模仿力极强，能模仿单田芳、文兴宇、刘欢、马三立、曾志伟等很多名人，惟妙惟肖、真假莫辨。可以说，他的音乐天赋是令人刮目的。

　　尽管在充满磨难的人生旅途上，杨光心中搁着许多辛酸苦痛，但在演出台上，杨光传递给观众的，永远是温情灿烂的一面。他说："我的人生准则就是把快乐、温暖传递给我的观众。"

　　有一次，杨光正要上台演出，突然传来父亲去世的消息，失亲之痛刹那间重重地撞击着他的心头。但一想到自己马上要面对成百上千的观众，想到平日教导自己的母亲，他立刻稳定了一下自己的情绪，面带微笑，走到了前台。后来，杨光在接受记者采访时说，虽然我的心地凄苦，但面对观众，我必须微笑。我的生命中有很多这样的时刻，注定了是含痛带笑的，这些笑，是我生命中最凄美的笑。

　　杨光嘴角上那一抹凄美的笑，让《你是我的眼》这首歌更加动人心魄："如果我能看得见，就能轻易分辨白天黑夜，就能准确地在人群中，牵住你的手……你是我的眼，带我领略四季的变换；你是我的眼，带我穿越拥挤的人潮；你是我的眼，带我阅读浩瀚的书海；因为你是我的眼，让我看见这世界，就在我眼前。"

　　杨光成功了。与此同时，他让我们知道了 29 年来在他身后默默无闻、锲而不舍地陪护着他的母亲，读懂了她慈祥背后付出的操劳和艰辛，看清了她安详、淡定的脸上，那一抹温暖的笑容里，镌刻着与凄苦命运不懈抗争的美丽。

陈晓旭：别样女子的别样心境

生命中最后的时光，一个晴朗的日子里，陈晓旭平和宁静地倚在窗前，看着窗外正在干活的民工，感慨地说了声："现在，太羡慕他们了！"仅此一句话，就证明陈晓旭从骨子里是眷恋生命的。虽然如此，但她更在意生命本身的完美和完整，她对生命完美和完整的追求表现在许多生活细节上。

1985 年，《红楼梦》剧组选演员，18 岁的她寄去一个沉甸甸的大信封，里边装着一封厚厚的自荐信、两张剪报（她自己的作品）、一张画报封面、几张不同角度的小照，资料齐全，有条不紊。其中一张小照背面写着一首小诗《我是一朵柳絮》："我是一朵柳絮，长大在美丽的春天里；因为父母过早地将我遗弃，我便和春风结成了知己。我是一朵柳絮，不要问我的家在哪里，愿春风把我吹送到天涯海角，我要给大海的角落带去春的消息。"读着这首春风一样的小诗，看着照片中纤细文静、手抚辫梢，恬淡、秀美，眉宇间似乎还有那么一点儿忧郁的姑娘，导演王扶林不由得心头一动，这姑娘不正是他遍寻不得的"林黛玉"吗？

陈晓旭成名之后，引来众多媒体关注，但她是个非常在意自己形象的人，尤其在意"林妹妹"在人们心目中的美好形象，所以轻易不接受媒体采访。中央电视台策划《红楼梦再聚首》节目邀请她时，一度遭到她的拒绝。她的理由是在这之前她上过其他电视节目，因灯光、化妆、摄像不好，毁坏了她的形象。后来，经导演再次联络，并说明再聚首的详情，保证在技术、化妆上精心安排，她才答应。据说，录制《红楼梦再聚首》节目那天，在候场区里，陈晓旭几乎在不停地修饰自己，尽管面容已由专业化妆师化过妆，但她还是不放过每个细节。在现场，她也是最注意自我形象的人，不时地平整衣领、裙边，捋着长发放在合适的位置。在长达几个小时的录制里，她始终保持着优美的坐姿。

　　就是在生命最后的日子里，她也始终强忍着身体上的痛苦，以美丽温婉的形象示人。那些日子里，她的每一张照片，只要是面对镜头、面对众人的，就一定是微笑着的。其中有一张照片，她头上扎着一根用于针灸的钢针，却面带微笑，神情坦然。这样一种追求完美人生的境界，又有谁能不为之动容？

　　如许多杰出的文艺名人一样，追求生命完美、完整的陈晓旭，性格中也有着无法抑制的淡淡的忧郁。她的一生，没有眉飞色舞的神情和繁多的手势，没有抑扬顿挫的声调和急速的语言，没有外在的张扬和澎湃的激情，她冷静、理性、安宁、平和、沉稳，给人一份别样的从容。

　　"轻轻地我走了，正如我轻轻地来，我挥一挥衣袖，不带走一片云彩……"拒绝生命的不完整，有一份淡淡忧郁却始终微笑着的陈晓旭做到了。虽说她是英年早逝，但她是带着完完整整的肉体和灵魂离去的。她的人生短暂而丰富，给世人留下的是一份不同寻常的心境，一种宁静安详的美丽。

高圆圆：美丽生命的出口

在 2003 版电视连续剧《倚天屠龙记》中，峨眉派第四代掌门周芷若，有着"芷兮帝子遭人妒，若烟若雾若飞仙"之态。她双目光彩明亮，眼波盈盈，秋波连慧，眼澄似水。样貌清丽秀雅，美而脱俗，纤而不弱，雅而秀气，远观近看都有一股神韵从骨子中沁出，真个是"清水出芙蓉，天然去雕饰"。她同时是一个内心激烈的女子，有多热烈，就有多冷血，静如冬蝉蛰伏，动则遍布杀机。

饰演周芷若的演员名叫高圆圆。高圆圆淡雅脱俗、清灵可人的美丽，自周芷若的情态容貌可见一斑。

高圆圆的美丽与生俱来。青春妙龄的她因为美丽撩人，加上生性活泼，爱露风头，一不小心就会遭受非议甚至敌意，有些人对她皱眉，还有一些人故意找她的岔子，让她难堪。她不能不敏感，不能不忧伤。她感觉自己就像是开在荆棘丛中的鲜花，总也躲不开纠结的芒刺。有一天，兄长下班后在院子里弹吉他，唱着一支忧伤的歌，高圆圆听着听着便泪流满面。

17 岁那年，第一场冬雪后的清寒里，高圆圆同几个闺中密友在街上闲逛，手上拿着羊肉串边吃边嬉笑。忽然一位女士走了过来，问她："你想拍冰激凌广告吗？"就这样，高圆圆在屏幕上看清了自己：粉圆的脸、明媚的五官、艳丽的笑靥如木槿花盛放……

冰激凌广告后，她得到了摄制组工作人员的一致欣赏、认可。摄影师说，很少有这样的演员，任何表情、任何角度都美丽，换一个发型都会给人改天换地的惊喜。随后，她被介绍去 CCTV 试镜，拍广告的机会接踵而来。常常是这个广告拍完了，导演就把她介绍给下一个导演，下一个拍完了，第三条广告的导演在焦急地等待……

拍广告，为她忧伤的青春找到了一个崭新的出口。"想知道清嘴的味道吗？"说出这句暧昧广告语的，正是高圆圆。画面中，高圆圆那双灵性的微微惊愕的大眼睛，显得黑白分明，画里有话，画外也有画，她用一盒清嘴含片挡住了自己的嘴。清纯无邪的"清嘴"广告一出，高圆圆即大红于天下。

不久，她开始了真正的演艺生涯。荧屏上，她的一举一动、一颦一笑，都闪亮、明快、动人，像一颗被擦亮的星。她说："演戏，是一件很耗激情的事，要全心全意地融入角色，爱也好，恨也罢，都能让灵魂得以净化。"

闲下来时，她总是通过一些活动来磨砺自己的意志。有一次，她参加美女野兽登山队，去西藏登雪山，其艰难是可想而知的。但她心中有个信念：如果这么艰苦的过程能坚持到最后，一生之中还有什么是走不过去的？就这样，她咬牙爬上了山顶。站在雪山之巅，于蓝天白雪间，刹那间，她对人生有了全新的认识，她觉得自己是出水的莲，是静穆的石雕，是天地间一叶美丽的存在。

当她上穿一抹绣着大朵大朵金花的黑色胸衣，下着黑色蓬蓬公主纱裙，足蹬一双细高跟白凉鞋，在戛纳电影节的红地毯上笑容满面、昂首阔步地走去的时候，我们看到，美丽而忧伤的生命，总会在恰当的时候找到最为合适的出口。

杨丽萍：生命伴舞蹈绽放

　　有一则"心有多大，舞台就有多大"的广告，让我心动的不是广告词，而是时间交替中，季节变换里，那生动活泼的身形，灵动婀娜的舞姿。应该说，让我难以释怀的，是一种妙不可言的感觉，是生命在舞蹈的映衬下，可以优美绽放的所有的分分秒秒，时时刻刻。

　　杨丽萍是因舞而生的精灵，她的舞蹈在孤傲冷艳中透着干爽洁净，不含任何杂质，像月光一样纯粹透明。与此同时，她的舞蹈，让人自然而然生出的第一闪念就是一个"柔"字。那不单是仪态万方、柔情万种之柔，还是可以深入骨髓的一种柔艳、一种柔媚，让人冷不丁就心甘情愿全身心沉溺其中，无怨无悔。有一名记者曾这样描写过握住杨丽萍的手时刹那的感觉："她柔软到极致的纤手稍稍有点冰，让人觉得握在手中的是流动的水、吹过的风、飘拂的云。"杨丽萍舞蹈的质感由此可略窥一斑。

　　电视中我看过杨丽萍的舞蹈《树》《雀之灵》等，哪怕只是一个剪影，她双手的摆舞和腰肢的扭动，也能将一个月光女神般圣洁的形象活脱脱地展现在你面前。她总是精灵般让生命的律动从她的周围荡漾开来，并带着特有的芬芳扩散到观众的心坎里。

　　有人说，看杨丽萍的舞蹈，常常让人感觉年华就此停顿，泪水在心中汇成河流。我以为，这种说法是本真的。因为当一种美在眼前绽放到极致时，就会感到一切语言、一切行为的表达都变得苍白无力。

　　如果说有着"钢铁节拍"，变化多姿、热烈奔放的踢踏舞，以非同寻常的外在魅力让生命的绽放具备了一种刚烈的表现形式，那么杨丽萍的"柔"，则是可以克刚的那种，可以蚀骨的那种。她韵味悠长的舞蹈，恰似民族之魂的一种深度绽放，让我们在领略什么是精美绝伦的同时，还可以在她舞蹈的余韵中，品咂到、感受到心灵深处花朵般绽放、音乐般流泻的内在的和谐。

杨绛：关门与开窗

　　读杨绛短文《一百岁感言》，爱不释手。她说："上苍不会让所有幸福集中到某个人身上，得到爱情未必拥有金钱；拥有金钱未必得到快乐；得到快乐未必拥有健康；拥有健康未必一切都会如愿以偿。保持知足常乐的心态才是淬炼心智，净化心灵的最佳途径。人生最曼妙的风景，是内心的淡定与从容。"

　　置身于人生边缘，杨绛先生短短的几句话，道破了得与失的生命玄机。

　　关门，开窗，在日常生活中，这是再熟悉不过的动作。但是，这些熟悉动作里蕴藏的玄机，不是每个人都悟得出来的。人生的得失，事业也好，爱情也罢，其实就寓于这些日常的简单的动作之中。关门与开窗，左右着生活的进退，左右着心中的希望，左右着世事的轮回。没有人能预期生命世界每天会发生什么，事物背后到底隐藏着什么。人生很多时候，必须走过从门到窗的距离，这样一段距离，也许超乎想象的艰难，但只要走过去了，你就可以见到蓝天白云下潮落潮起的生机。

　　杨绛是个自由思想者，一生却惯于忍让，她关上了还击之门，却打开了另一扇窗户，那就是内心的自由和平静。她曾说："你骂我，我一笑置之。你打我，我决不还手。若你拿了刀子要杀我，我会说：'你我有什么深仇大恨，要为我当杀人犯呢？我哪里碍了你的道儿呢？'所以含忍是保护自己的盔甲，抵御侵犯的盾牌。我穿了'隐身衣'，别人看不见我，我却看得见别人，我甘心当个'零'，人家不把我当个东西，我正好可以把看不起我的人看个透。这样，我就可以追求自由，张扬个性。所以我说，含忍和自由是辩证的统一。含忍是为了自由，要求自由得要学会含忍。"

人生在世，无非是认识自己，洗练自己。一个人，能否得到快乐，能否取得成功，关键在于知道什么是自己想要的，知道什么是不可逆转的，知道以什么方式实现梦想，知道以什么心情面对苦难。关门开窗之间，窗外风云变幻，窗内四季分明，禅坐的心境，依然清新美丽。

树上的叶子，叶叶不同。花开花落，草木枯荣，日日不同。尘世之间，幸福和完美都是相对的，身前身后，总少不了无法逃离的痛苦和残缺。做人如此，为文何尝不是如此？有生之年，拼搏挣扎，总期盼得到他人的认可，只有到了生命的尽头，才知道心灵文字构架的世界，永远属于自己，与世俗功利毫无关系。

巴金：活在文字的光芒里

2005 年 10 月 17 日，跨越一个世纪之久的"现代文学之父"巴金，安详地合上了眼睛。但他没有离开我们，他活在文字的光芒里，活在我们的记忆中。他不仅给我们留下底蕴深厚的文学富矿——《灭亡》《激流三部曲》《爱情三部曲》《寒夜》《随想录》等文学作品，还留下了他全部的感情和爱憎。

巴金一直以为，自己是个不善讲话的人，唯其不善于讲话，有思想表达不出，有感情无法倾吐，才不得不求助于纸笔，让心上燃烧的火喷出来，于是写了小说。他出生在官僚地主大家庭里，童年时代在富裕的环境里度过，接触了听差、轿夫们的悲惨生活，在伪善、自私的长辈们的压力下，听到年轻生命的痛苦呻吟。缘于这一点，他一直想找寻一条救人、救世，也救自己的路。23 岁，他从上海跑到了巴黎。在巴黎，他同样看到了"压迫和不平等"，特别是读了援救意大利工人运动，却被关在死囚牢中的"犯人"樊宰底（B.Vanzetti）"自传"中"我希望每个家庭都有住宅，每个人口都有面包，每个心灵都受到教育，每个人的智慧都有机会发展"这样的文字后，所有过去和现有的爱和恨、悲哀和欢乐、受苦和同情、希望和挣扎，一并涌到笔端，化作一行行字留在纸上。就这样，在痛苦和寂寞中，他怀着"燃烧的火"完成了小说处女作《灭亡》。

这以后，他一边以卢梭、雨果、左拉、罗曼·罗兰等名家为师，研读他们的作品，一边不间断地创作。因为有着厚实的生活积累，他的作品一部接一部问世。他这样描述自己——"每天每夜，热情在我的身体内燃烧，好像一根鞭子在抽我的心，眼前是无数惨痛的图画，大多数人的受苦和我自己的受苦，它们使我的手颤动。我不停地写着……忘了自己，忘了周围的一切。我变成了一架写作的机器。我时而蹲在椅子上，时而把头俯在方桌上，或者又站起来走到沙发前面坐下激动地写字。我就这样地写完我的长篇小说《家》和其他的中篇小说。"

因为他害怕交际，不善讲话，不愿同外人接洽，编辑索稿总是找他的朋友。常常是他熬夜将稿件写好后，放在书桌上，朋友第二天上班替他把稿子带去。在抗日战争时期，他不得不四处奔波，写作方式也随之发生了变化：常常是在皮包里放一锭墨，一支小字笔和一大沓信笺，到了一个地方，借一个小碟子，倒点水把墨在碟子上磨几下，便坐下来写，走一程写一段。恰似俄罗斯作家果戈理在小旅店里写作《死魂灵》的情景。

巴金是个醉心文字的人，更是个感情深重的人。"弱水三千，只取一瓢饮"在巴金身上得到了诠释和印证。1936 年，32 岁的巴金收到时年 18 岁的萧珊写来的信件，萧珊是巴金作品忠实的读者，因为长时间感受他笔下的文字，所以她在信中毫无顾忌、直截了当地表达了对他的倾慕。八年恋爱之后，萧珊成为巴金生命中唯一的爱侣，在长达 28 年共同的生活里相亲相爱。"文革"期间，萧珊为了保护丈夫，受尽了皮肉之苦。她总是对他说："不要难过，我不会离开你，我在你身边。"1972 年，萧珊去世，她的骨灰一直放在巴金的卧室里。在《回忆萧珊》这篇文章中，巴金多次提到萧珊的眼睛"很大，很美，很亮"。他写道："我望着，望着，好像在望快要燃尽的烛火。我多么想让这对眼睛永远亮下去。"每次有人来访，看到骨灰盒，巴金就会说："她是我的生命的一部分，她的骨灰里有我的泪和血。""这并不是萧珊最后的归宿，在我死了以后，将我俩的骨灰和在一起，那才是她的归宿。"

　　巴金一生为读者而写，为文字而活。他曾说："我只想把自己的全部感情、全部爱憎消耗干净，然后问心无愧地离开人世，这对我是莫大的幸福。"作为一代文学巨匠，他正是这样拼却一生，置身于文字的光芒里，如花绽放，无悔无怨。巴金的人生始终被热情和痛苦煎熬着，有人评说他是一个在云与火的景象下，走着的一个真实的人。他的莫逆之交冰心先生曾说："他在痛苦时才是快乐的。"为纪念巴金，中国作协副主席黄亚洲这样写道："您陨落的时候 / 家

没有陨落 / 春与秋，也没有陨落 / 您把它们留在了这个世界上 / 让季节拥有居所 / 让心灵拥有岁月 / 您陨落了，光芒四射 / 文学的山谷 / 同时溅起太阳和月亮 / 也溅起无数星星 / 一齐眨动眼睛 / 思考您留下的这个 / 尚未开垦完毕的世界。"

徐悲鸿：执着求精终成画

以画马著称的徐悲鸿先生滞留法国的时候，一位将军在一次盛大的宴会上请他作画。他当众挥毫，以淋漓酣畅的墨意、收放自如的笔法，片刻工夫，便画出一幅形神兼备、铁骨铮铮的奔马图。将军竖起大拇指，连声称妙。旁观者没一个不惊叹的。

悲鸿先生不独画马笔法绝妙，他笔下的人物画也独树一帜。1915年，在上海读书的徐悲鸿得知在上海炒地皮发迹的犹太人哈同创办了仓圣明智大学，公开征求传说中造字先师仓颉的画像，便应征了一幅。创作仓颉像的时候，徐悲鸿十分认真，他查阅资料，勾勒草图，花了三天三夜的工夫。仓颉像送到哈同府上的时候，哈同夫妇及在座的社会名流无不称好。画像被悬挂在哈同花园厅堂里。事后，哈同夫妇设答谢宴，陪同赴宴的徐悲鸿的好友黄警顽看了仓颉画像后感慨地说："你真行，竟能想象出如此构造的四只眼睛。"悲鸿朗声一笑："仓颉像是我一点一滴考证出来的，仓颉有四目在王充所著《论衡》中有清清楚楚的记载，哈同那样的洋人，只会附庸风雅，哪里懂什么中国艺术，这次应征我是逢场作戏，但作画我是一点儿也不含糊的。"

　　悲鸿先生傲骨铮铮，爱国如命；痴心虔诚，爱画如命。1939年的一天，在异国他乡奔忙的徐悲鸿走在修筑滇缅公路的士兵中间。他们豁出命干活的情景，让他想起了《列子·汤问篇》中《愚公移山》的故事和抗战中的祖国人民。"抗战要胜利，不正需要愚公移山的精神吗？"他暗暗发誓要将传说与现实融于一体画出来。于是他着手写生，寻找模特儿，画出了很多人体、肌肉、脸孔的速写。两个月后，画出了大型油画《愚公移山》，可他面对这幅油画，觉得很不满意，一气之下卷起扔进了火炉。经过反复权衡考虑，徐悲鸿改画国画，完成了不朽之作《愚公移山》。印度国际大学校长泰戈尔看了这幅画，感动得双眼湿润，为画面表达的蕴含，也为徐悲鸿对待艺术精益求精的态度。

　　从《仓颉像》到《愚公移山》，其间相隔了二十四年，徐悲鸿先生对艺术的执着虔诚之心没有丝毫改变，对祖国前途命运的关注从来没有停歇过，每作一幅画，必是有血有肉，有肝有胆，有意境有蕴含，有继承有创新。正因为这样，才造就了一位世界级的艺术大师。

宋美龄：那一抹容颜

美丽对于女人是至关重要的，上天赋予她靓丽的姿容，这是她作为女人引人注目的地方。在自然的美丽之外，历史在她的身体里沉积着一种沧桑之美。她的婚姻固然笼罩在政治阴云中，但她的一生依然是不可抹杀的一种美丽。

早在美国读书期间，她就倍受老师和同学的欣赏。她身材丰满，体态轻盈，一条梳得一丝不苟的长辫垂在身后，将她衬托得风姿绰约、楚楚动人，加之举止文雅，热情大方，宛如一朵夏日里盛开的红莲，饱满、热烈，深深吸引着同学和老师的目光。美国马萨诸塞州韦尔斯利女子大学的一位教员对她做过一份保密的评价，一直收藏在该校的档案室中。她写道："她是受人倾慕的，不仅仅因为她和她的两个姐姐一样漂亮，而是因为她有激情，待人真诚。"

长期生活在美国的她不忘中国风俗。每当同姐妹们一起时，她就换上中国旗袍。那时，美国人视抹胭脂涂口红为伤风败俗，她则没有这种偏见。有一天，她用中国粉搽了脸，还涂了口红，有人注意到她脸上的变化，便惊讶地叫道："亲爱的，我想你脸上化了妆吧？"她不以为然地回答："搽的是中国粉！没什么奇怪的！"她的伶牙俐齿，往往让她轻松自如地摆脱困境。回国后，她打破青年女子只能身着筒式上衣的惯例，经常满不在乎地穿着一身剪裁时髦的女式骑装，戴一顶秀雅的宽檐女帽。这种标新立异的做法，颇受时髦女郎崇尚。

1937 年初春，她计划短时期内把中国空军改造成像样的军种，便给美国老牌飞行员陈纳德去了一封信，问他是否愿意到中国当空军顾问。6 月初，陈纳德抵达上海。一个炎热的下午，霍布鲁克带陈纳德去见她和澳洲籍政治顾问端纳。当天晚上，陈在日记上写下他对她的印象："她将永远是我的公主。"在陈纳德的努力下，很短时间就培养出一批具有一流素质和爱国心的飞行员。8 月 14 日，日寇木更津空军联队 18 架轰炸机自台湾新竹基地起飞，执行轰炸杭州任务，日寇机群越海窜入宽桥上空，中国空军第四大队大队长高志航率领 27 架战斗机升空拦截，击落 6 架敌机。第一次经历空战的中国空军无一受损，创下了光辉的战果。

她是个十足的女中能人，本质上又是一名学者。她曾说幸福就是终生能够阅读、学习和写作。她的东方气质和西方谈吐为男性政治带来了引人入胜的遐想。1943 年，46 岁的她在美国国会用流利的英文发表演说，使国会议员为之动容，她的手势、她的声音以及她眼中所闪烁的光芒，使众议员如醉如痴，获得了满堂喝彩和经久不息的掌声，成为中国人永久记忆中的一部分。丘吉尔在回忆录中说："她是一个非常特殊极有魅力的人"。

她一生极其珍视美丽。从年轻到老时，每天都花许多时间"对镜贴花黄"。每次在公开场合出现，她都不假他人之手认真地化妆，直到满意为止。她有着爱美女人的怕老心态。经常让人为她拔掉新增的白发。虽然美貌日复一日似水漂流，但她那颗爱美的心却一直在心底跃动。她喜好跳舞，热衷音乐，尤爱世界著名小提琴演奏曲。同时具有绘画天赋，可以在众目睽睽之下从容作画。

她叫宋美龄，她非同寻常的一生，聚集着美丽、富有、学识和权势。在政治舞台的 20 年间，既具倾国倾城、美丽高傲的格调，又有深入民间、关心民众疾苦的时候；既留下了耍政治手腕、玩弄权术的阴影，又散发着崇尚美德、倾心美丽、孜孜以求、始终不渝的人生光亮。

舒伯特：谱在账单背面的名曲

大音乐家舒伯特（1797—1828），一生穷困潦倒，只活了31岁。但他留给后人的音乐财富，价值却难以估量，光是艺术歌曲就有600多首。时至今日，人们仍在传唱他的《魔王》《牧童的哀歌》《迷娘之歌》《菩提树》《小夜曲》《野玫瑰》《摇篮曲》等。因为他的歌曲形象鲜明，具有天使般优美纯洁的旋律，情真意切，所以在欧洲音乐史上，他被尊为"歌曲之王"。

舒伯特脾气温顺，赤子般的纯真笑容永远挂在脸上。他人缘极好，身边总围绕着一群关心他的贫寒之交。这些朋友有的在他困顿时接济他，有的用诗歌给他带来创作的灵感，有的在他生前身后尽心竭力推举他的音乐。虽然他的作品众多，但没有可以支撑正常生活的经济来源。有一个时期，他在朋友的引荐下，于贵族生活环境中当起了家庭教师。但他从骨子里喜欢随兴的生活，对社会地位、贵族生活全然没有兴趣。只要手头有钱，便呼朋唤友到咖啡店小坐，钱花光了再由朋友接济他。

对于文学特别是诗歌，舒伯特有一种天生的亲近倾向，他会用同一首诗作谱写不同曲调的曲子，比如歌德和席勒的作品他就常常反复谱曲。他总能在音乐与文字间找到种种和谐，得心应手地表达所想表达的情感。

这种随心随意、与世无争的生活，常常将他推至潦倒的境地。为了生存，他甚至有过将乐曲谱写在账单背面的经历。一天晚上，他徘徊在维也纳街头，饥肠辘辘，口袋里却一分钱也没有。因为肚子问题，他本能地走进了一家饭店，可是他身无分文，怎么能点菜吃饭呢？这样的时候，他希望有朋友熟人进来，帮他解困。但左顾右盼，始终没有见到一张熟悉的面孔。正在失望之际，餐桌报纸上一首小诗跃入他的眼帘，作曲家的本能立即把他的思绪转到诗歌的意境之中。他浮想联翩，乐思绵绵，立即将它谱成歌曲并写了出来。他把这首歌拿给饭店老板看。老板从他的衣着、脸色中悟出了他的意思，便用一份土豆烧牛肉，换了他的这首歌曲。多年之后，这张谱有歌曲的账单被送到巴黎拍卖，以四万法郎起价。这首歌曲就是著名的《摇篮曲》。

《摇篮曲》舒缓、亲切、深情的旋律，渗透到了世界上多少母亲的心底啊，它轻轻地催着婴儿入睡，让孩子拥抱着母爱的温暖进入梦乡，让他们在亲情友好的氛围中，做着天使般智慧美丽的梦。《摇篮曲》是无价之宝，是无法用价格去衡量的。可惜，处境艰难的作曲家，竟然饿着肚子，向人类展示他卓越的天才。人们常说"穷而后工"，对于艺术家来说，人生的困厄恰恰是他们上进的阶梯。